国家自然科学基金面上项目（61372153）
中央高校基本科研业务费（CUGL140410,26420160125） 资助
中国博士后基金项目（2017M612533）

智能化的遥感影像亚像元定位技术

ZHINENGHUA DE YAOGAN YINGXIANG YAXIANGYUAN DINGWEI JISHU

吴 柯　张玉香　胡祥云　著

图书在版编目(CIP)数据

智能化的遥感影像亚像元定位技术/吴柯,张玉香,胡祥云著. —武汉:中国地质大学出版社,
2017.10
ISBN 978-7-5625-4114-1

Ⅰ. ①智…
Ⅱ. ①吴…②张…③胡…
Ⅲ. ①人工神经网络-应用-研究
Ⅳ. ①TP183

中国版本图书馆 CIP 数据核字(2017)第 259540 号

智能化的遥感影像亚像元定位技术		吴 柯 张玉香 胡祥云 著
责任编辑:段连秀	策划编辑:段连秀	责任校对:周 旭
出版发行:中国地质大学出版社(武汉市洪山区鲁磨路388号)		邮政编码:430074
电 话:(027)67883511	传真:67883580	E-mail:cbb@cug.edu.cn
经 销:全国新华书店		http://cugp.cug.edu.cn
开本:787毫米×1092毫米 1/16		字数:200千字 印张:7.5
版次:2017年10月第1版		印次:2017年10月第1次印刷
印刷:武汉市籍缘印刷厂		印数:1—1 000册
ISBN 978-7-5625-4114-1		定价:88.00元

如有印装质量问题请与印刷厂联系调换

前　言

由于地球卫星的空间分辨率和地表复杂多样性的影响，在一幅遥感影像中有许多像元都包含有若干地表覆盖分类（标准地物），这类像元称为混合像元，它们的普遍存在给遥感解译造成了极大的困扰。混合像元分解技术和亚像元定位技术是解译混合像元最为有效的方法，它们能够找出组成混合像元中各种"组分"的比例，并且在这个比例下，确定不同"组分"的空间位置分布，从而使遥感解译由像元级进入亚像元级，以便提高遥感图像分类精度，更好地反映遥感图像的细节信息。

人工神经网络属于智能化计算的一种，它主要模拟脑细胞结构和功能、脑神经结构以及思维处理问题等，用于处理遥感图像信息具有非常鲜明的特点，比如：具有自学习和自适应能力；具有很强的信息综合能力，能同时处理定性的信息，能很好地协调多种输入信息系统，适用于多信息融合，等等。因此，人工神经网络在遥感图像处理中的应用十分广泛，涉及到遥感图像分类、遥感图像压缩、遥感图像复原与重建、遥感图像边缘检测等多个方面。

本书将主要选取人工神经网络来作为遥感影像混合像元分解以及亚像元定位技术处理与分析的手段，弥补传统方法在处理此类问题上存在的不足；同时，在神经网络模型的基础上进行适当扩展，以改善模型的结果精度及实施程度，提高遥感影像的利用能力。本书是作者近年来对遥感影像混合分解及亚像元定位技术方面研究成果的一个阶段性总结，同时也是作者对该处理技术的一个初步诠释。主要内容安排如下：第一章主要介绍了研究的目的和意义、智能化的遥感影像处理手段、混合像元分解、亚像元定位，以及研究现状和面临的挑战。第二章以人工神经网络的基本原理框架为线索，描述人工神经网络的一些基本概念。首先从人工神经网络的生物原型入手，归纳提炼出其仿生机理，然后介绍神经网络的基本模型结构以及在遥感信息处理中的具体学习规则,最后列出了几种具体的神经网络模型。第三章介绍了传统模型下的遥感影像混合像元分解方法,主要是最小二乘法相关的线性混合像元分解模型;研究和发展基于神经网络模型下的遥感影像混合像元分解方法,主要分析了基于BP神经网络和Fuzzy ARTMAP的混合像元分解模型,并从模型本身进行改进,然后给出其应用于该领域的意义。第四章研究端元对混合分解和亚像元定位的影响,提出了一种端元可变的混合像元分解方法;结合线性分解模型以及Fuzzy ARTMAP神经网络分解模型,在确定影像中的端元矩阵时,考察混合像元与端元的光谱相似性,结合地物空间分布特点,给出该改进模型的优势。第五章首先利用混合像元分解结果及地物空间分布关系,确立亚像元定位模型的理论基础;然后,分别采取两种监督型的神经网络模型BP和Fuzzy ARTMAP进行亚像元定位处理;最后介绍了非监督型的神经网络模型Hopfield以及智能化的进化Agent技术。第六章是遥感影像亚像元定位分析的重点章节,主要在基于神经网络的亚像元定位分析理论的基础上,提出多种组合算法进行分析:第一,将混合像元分解与亚像元定位组合起来,分析端元可变的综合性亚像元定位模型;第二,将图像处理中的超分辨率重建技术引入到遥感影像亚像元定位中来,并将该技术与BP神经网络模型进行结合,提出一种全新的BPMAP模型,表明该方法的可行性;第三,选取高分辨率遥感影像作为研究对象,从数据源的角度来考虑遥感影像的亚像元定位,结合Fuzzy ARTMAP神经网络模型,通过影像融合的方式,获取低分辨率影像的更多信息;第四,提出基于亚像元定位的变化检测模型,为亚像元定位技术的应用提供了一种新的思路。

  本书的出版得到了国家自然科学基金面上项目(61372153):基于亚像元定位的遥感影像变化检测理论与方法研究;中央高校基本科研业务费"摇篮计划"(CUGL140410):基于多尺度智能化的遥感影像亚像元定位模型研究;中央高校基本科研业务费"遥感专项"(26420160125):高光谱遥感影像的目标探测与定位技术研究;中国博士后基金项目(2017M612533):顾及先验信息的高光谱图像多任务学习目标探测研究的资助。

  限于作者的水平和时间的仓促,书中难免会存在一些不妥之处,敬请广大同行读者批评指正。

作 者

2017年7月

目 录

第一章 绪 论 …………………………………………………………………… (1)
  1.1 目的与意义 ………………………………………………………………… (1)
  1.2 研究现状概述 ……………………………………………………………… (2)
    1.2.1 智能化的遥感影像处理手段 ………………………………………… (2)
    1.2.2 混合像元分解 ………………………………………………………… (4)
    1.2.3 亚像元定位 …………………………………………………………… (5)
  1.3 面临的问题及挑战 ………………………………………………………… (6)

第二章 神经网络基本原理 …………………………………………………… (8)
  2.1 神经系统原理 ……………………………………………………………… (8)
    2.1.1 生物神经元 …………………………………………………………… (8)
    2.1.2 计算特性 ……………………………………………………………… (9)
  2.2 人工神经网络结构 ………………………………………………………… (10)
    2.2.1 基本模型结构 ………………………………………………………… (10)
    2.2.2 拓扑结构 ……………………………………………………………… (12)
  2.3 遥感信息处理中的应用方法 ……………………………………………… (13)
    2.3.1 神经网络学习方式 …………………………………………………… (13)
    2.3.2 神经网络学习规则 …………………………………………………… (14)
  2.4 三种典型的神经网络模型 ………………………………………………… (16)
    2.4.1 BP 神经网络模型 …………………………………………………… (16)
    2.4.2 Fuzzy ARTMAP 神经网络模型 …………………………………… (18)
    2.4.3 Hopfield 神经网络模型 ……………………………………………… (20)

第三章 混合像元分解模型 …………………………………………………… (23)
  3.1 硬分类和混合像元 ………………………………………………………… (23)

3.2 线性混合光谱模型 ………………………………………………………… (24)
    3.2.1 数学模型分析 …………………………………………………… (24)
    3.2.2 线性模型的适用性 ……………………………………………… (25)
3.3 非线性混合光谱模型 ……………………………………………………… (26)
3.4 BP神经网络的混合分解模型 …………………………………………… (27)
    3.4.1 BP神经网络分类实验 …………………………………………… (28)
    3.4.2 BP神经网络混合分解实验 ……………………………………… (31)
3.5 Fuzzy ARTMAP神经网络的混合分解模型 …………………………… (35)
    3.5.1 数据源 ……………………………………………………………… (37)
    3.5.2 步骤及结果分析 …………………………………………………… (37)
    3.5.3 参数设置 …………………………………………………………… (40)

第四章 端元选择的影响 …………………………………………………… (42)

4.1 混合像元分解的误差分析 ………………………………………………… (42)
4.2 端元变化对混合像元分解的影响 ………………………………………… (43)
4.3 端元光谱选择的方法 ……………………………………………………… (44)
4.4 基于交叉光谱匹配的端元选择法 ………………………………………… (45)
4.5 基于端元选择的混合像元分解实验 ……………………………………… (46)
    4.5.1 端元可变的线性混合分解实验 …………………………………… (46)
    4.5.2 端元可变的神经网络混合分解实验 ……………………………… (49)

第五章 亚像元定位模型 …………………………………………………… (54)

5.1 亚像元定位的理论基础 …………………………………………………… (54)
5.2 基于监督型神经网络的亚像元定位模型 ………………………………… (55)
    5.2.1 模拟数据实验 ……………………………………………………… (56)
    5.2.2 真实数据实验 ……………………………………………………… (57)
    5.2.3 算法分析 …………………………………………………………… (59)
5.3 基于非监督型神经网络的亚像元定位方法 ……………………………… (61)
    5.3.1 字体实验及结果分析 ……………………………………………… (63)
    5.3.2 真实数据实验 ……………………………………………………… (64)
5.4 线性优化理论 ……………………………………………………………… (66)
5.5 基于进化Agent理论的亚像元定位方法 ………………………………… (67)
    5.5.1 进化Agent技术介绍 ……………………………………………… (67)
    5.5.2 进化Agent模型实验分析 ………………………………………… (69)

第六章 综合亚像元定位模型及应用 …………………………………………（73）

6.1 基于端元选择的综合亚像元定位模型 ………………………………（73）
6.2 基于超分辨率重建的神经网络亚像元定位模型 ……………………（77）
6.2.1 重建模型 ……………………………………………………………（78）
6.2.2 改进的 BPMAP 亚像元定位方法 …………………………………（79）
6.2.3 实验及比较分析 ……………………………………………………（81）
6.3 基于融合技术的神经网络亚像元定位模型 …………………………（85）
6.3.1 Gram-Schmidt 光谱融合 …………………………………………（85）
6.3.2 选取非固定的本地纯净端元 ………………………………………（86）
6.3.3 改变神经网络的输入端 ……………………………………………（87）
6.3.4 实验与结果分析 ……………………………………………………（87）
6.4 基于亚像元定位的变化检测应用 ……………………………………（92）
6.4.1 亚像元变化的空间分布假设 ………………………………………（93）
6.4.2 算法描述 ……………………………………………………………（94）
6.4.3 实验分析 ……………………………………………………………（95）

参考文献 ………………………………………………………………………（102）

第一章 绪 论

1.1 目的与意义

随着空间技术的不断发展,遥感(Remote Sensing)已成为人们获取对地观测信息的重要手段。经过短短几十年的发展,无论是遥感平台、传感器、遥感信息处理,还是遥感应用方面都得到了飞速发展。遥感数据获取手段已经能够从不同的角度、不同的高度探测地表物体对电磁波的反射及其发射的电磁波,从而提取这些物体的信息;遥感信息处理技术也经历了从光学模拟、数字处理到智能化处理的方向发展;而遥感应用也扩展到诸如环境与灾害监测、城市规划、岩矿识别、气象预报、海洋水色定量检测、大气遥感、植被管理和军事目标的探测等众多方面(Green 等,1988)。遥感已经成为当今最活跃的科技领域之一。

尽管遥感信息处理技术在全数字化、可视化、智能化和网络化等方面得到了很大的发展,但就目前遥感技术的发展状况来看,硬件技术的发展远远超前于遥感信息的处理,海量光谱信息远没有被充分挖掘和处理,信息处理还远不能满足现实需要(童庆禧和郑兰芬,1999)。据估计,空间遥感获取的遥感数据,经过计算机处理的远不足 5%。因此,遥感信息处理方法与技术还有待于深入研究和开发。

在遥感图像中,遥感器所获得的地面反射或发射光谱信号是以像元为单元记录的,称为扫描仪的一个瞬时视场。每个像元所代表的是地面物体所能分辨的最小单元,即与地面范围大小相当的实际尺寸的大小。如果该像元仅包含一种地物类型,那么可以称之为纯净像元(Pure Pixel),它所记录的正是该类型的光谱响应特征或者光谱信号;但是,由于地球卫星的空间分辨率和地面的复杂多样性,在一幅遥感图像中有许多像元都包含有若干表面覆盖类(朱述龙和张占,2000;Small,2003),它们有着不同的光谱响应特征,这类像元称为混合像元。

混合像元可以有两种情况:一种情况是表示类间的混合,即像元内包含除背景外不同地物的混合,如不同地物分类边界地带的混合等;另一种情况是类内的混合,即在单一植被覆盖或某种植被覆盖处于主导地位的前提下,由背景、植被和阴影产生的混合。类间的混合包含了类内混合,可以认为类内混合是普遍存在的,严格来说,所有的像元应该均是混合像元。混合像元问题不仅影响地物识别分类精度,而且是遥感技术向定量化深入发展的重要障碍。如何从混合像元内部提取亚像元的信息? 这是一个十分具有挑战性的难题,也是遥感影像处理中的一个热点。

混合像元分解技术正是解决这一问题的有效途径。它通常是一种针对多/高光谱的处理技术,虽然全色波段影像能够提供较高的空间分辨信息,但它不能进行光谱分解处理,因此,混合像元分解通常也指混合光谱分解，它是多高光谱遥感研究和应用的一个重要研究方向。为了改善从遥感数据中提取定量信息，人们建立了光谱混合模型的分析技术，目的是不仅能得到地表实际情况定性的分析，而且还能够进行定量的分析。

一直以来，人们研究混合像元的热情不减，建立了各种光谱混合模型的分析技术，除了对地表实际情况进行定性的分析以外，还希望能够突破传感器空间分辨率的限制，在亚像元精度范围内精确地刻画出混合像元的真实属性，使得定量的分析变成可能。这种光谱分解模型是提高遥感分类的有效手段，它能够突破到像元内部，进行亚像元级的精度分析，还提供了一种获得更高分类精度的可能，并且由此展开了一个重要的后续研究领域——亚像元定位。

由于混合像元分解的目标是求取组成混合像元各端元组分的丰度，却无法确定在混合像元中各种端元组分在空间上的分布情况，这会造成遥感影像空间细节信息的丢失，如果想进一步了解混合像元中每一个亚像元的分布情况，就必须借助亚像元定位的方法，将混合像元切割成更小单元并将具体地物类别相应地分配到这些较小像元中去。

亚像元定位理论具有重要的科学意义和社会意义，作为混合像元分解的后续处理内容，它可以使结果图像的分类精度达到亚像元级，与原始分类相比较，精度能有很大的提高，这将有利于地物特征的区别和反演。该技术可以应用于利用中低分辨率的卫星遥感数据进行地物面积估计和变化检测等方面。

从研究的角度出发，亚像元定位技术不仅能够克服影像空间分辨率上的限制，提高目标探测精度，而且有助于揭示目标的形状、尺寸等空间特征信息，使由于像元混合严重而导致的错分、误分现象得到缓解，为进一步利用目标空间特征进行分类和识别提供有利的前提条件(吴柯，2008)。

正因为如此，它在实际应用中正受到越来越广泛的关注，主要表现在：①是一种实现遥感定量化和精确化分析的重要方法(张良培和张立福，2005)；②与亚像元目标探测(张兵等，2004)、影像决策级融合(Robinson等，2000)和数据压缩(Du 和 Chang，2004)等影像处理技术密切相关；③广泛应用在海岸线监测(Foody 等，2003)、重要的边界线的划定(Aplin，1999)、湖泊的面积提取(张洪恩等，2006)等方面。混合像元的问题正受到越来越广泛的关注，发展遥感影像的混合像元分解技术已成为一个比较迫切的需求。

当前，传感器技术的发展使遥感影像的空间分辨率不断地提高，但是混合像元仍然是不可避免的。发展亚像元定位的理论与应用技术，可以突破到混合像元的内部去更深入地了解亚像元的空间属性信息，这大大地扩展了影像的解译能力，同时能够提高影像后续处理如目标识别、地物分类的精度，因此，将其应用在军事侦察、地形图更新、城市规划、地籍调查、生态环境评价等方面，意义重大而明确。

1.2 研究现状概述

1.2.1 智能化的遥感影像处理手段

传统的遥感信息处理方法在处理效率、精度上的不足，限制了遥感信息的挖掘及利用，急需发展智能化方法满足遥感影像处理的需求。受自然界中生物进化机制的启发，基于神经网络计算的遥感影像智能化处理方法在遥感影像处理中应用颇为广泛。神经网络具有两大特点：①拥有全局优化能力，对目标函数的优化能力更强；②具有自组织、自学习的特点，能够从遥感数据本身学习，不依赖数据分布等先验信息。因此，它被大量地应用于遥感图像的分类方法中。例如，Lee等（1990）和Welch等（1992）对云层的分类进行实验；Decatur(1989)对SAR图像进行分类；Kanellopoulos等（1992）对SPOT HRV（High Resolution Visible）图像进行了分类实验；Simpson和Mcintir(2001)用BP(Back Propagation)算法对AVHRR数据进行了大范围的雪覆盖的检索分类；Ji(2000)研究了应用SOFM网络对TM数据分类时的最佳网络结构。同时，神经网络模型的种类也逐渐发展增加，多种网络模型都被引入到遥感数据的分类处理工作中，比如，BP，SOFM，ARTMAP，Fuzzy ARTMAP，RBF，Hopfield，等等。这些网络模型的丰富，使得利用神经网络来处理遥感数据的分类问题变得日趋成熟。

最近研究者们已经开始注重神经网络与其他非线性算法的组合分类，从而提高分类的准确性。例如，Foody(2000)组合模糊C均值算法和BP网络对TM数据进行了地表覆盖分类研究；王耀南（1999）应用小波神经网络对遥感图像进行了分类，等等。针对人工神经网络训练过程中需要参数的设定、分类速度慢等问题，Huang等（2006，2010，2012）提出了极限学习机ELM(Extreme Learning Machine)，仅通过一步计算即可求出学习网络的输出权值，与传统神经网络相比具有较强的网络泛化能力和较快的学习速度，且精度适当或更高（孙德保和高保，1994；童庆禧和郑兰芬，1999；王耀南，1999）。

新型分类器的引入是遥感影像处理和模式识别、机器学习结合的一个重要方面，近年来最具代表性的就是支持向量机SVM(Support Vector Machines)(Chi和Bruzzone，2007)、人工免疫系统AIS(Artificial Immune System)（钟燕飞等，2005）等在高光谱遥感影像分类中的应用。

除了分类外，遥感影像的混合像元的分解和亚像元定位也能分别采用神经网络模型来进行处理和分析。

在混合像元分解方面，Atkinson等（1997）利用多层感知器MLP方法分解AVHRR数据，证实了该方法比线性混合像元分解方法和模糊C均值方法效果好；Carpenter等（1999）利用Fuzzy ARTMAP神经网络模型估计3种植被的混合情况；Kerri等（2001）利用神经网络模型比较了线性与非线性混合像元分解精度与效率；张彦和邵美珍（2002）把RBF神经网络模型运用到混合像元非线性分解中，证实RBF网络优于线性混合像元分解方法，并且计算速度比BP网络快；Liu等（2004）在Fuzzy ARTMAP模型的基础上提出改进模型Fuzzy ART－MMAP，从而提高原始神经网络的分解精度；SOM自组织神经网络模型的混合像元分解技术也被证实为有效的分解方法（Pedro等，2003；Sangbum和Richard，2006）。

在亚像元定位方面，Tatem等（2001）基于Hopfield神经网络，对输出端的神经元采用约束能量最小的原则进行求解；Mertens等（2003b）基于前馈型BP神经网络通过调整网络结构来进行求解；接着采用了小波系数与BP神经网络相结合的方法，对遥感影像进行亚像元的定位(Mertens等，2004)；Nguyen等（2005，2006）利用融合影像作为辅助信息加入Hopfield神经网络定位模型中，获得了很好的效果。另外，监督型RBF神经网络模型在结合小波变换的基础上对进行亚像元定位可以取得良好的效果（Dai等，2009）。Ling等（2010）采用发生偏移的不同影像叠加信息合成进Hopfield神经网络模型中，完成综合亚像元的定位模型。同时，除了影像的光谱信息可以被利用之外，空间尺度信息也被证明能够用来提高效果（Ling等，

2012)。近年来,越来越多的新型模型被广泛采纳进亚像元定位的模型当中。比如,多 Agent(Xu 等,2013)、自适应 MAP 算子(Zhong 等,2014)、TV 模型(Feng 等,2016),等等,亚像元定位已进入一个飞速发展期。

1.2.2 混合像元分解

亚像元定位的前端输入就是混合像元分解的结果,因此,混合像元分解的研究是基础。根据对混合像元的反射率和端元的光谱特征和丰度之间的响应关系的假设,以及怎样考虑和包含其他地面特性和影像特征的影响,像元混合模型可以归结为以下 5 种类型。

(1)线性(Linear)模型。线性混合模型假设到达遥感传感器的光子与唯一地物(即一个光谱端元组分)发生作用,因此,每一光谱波段中单一像元的反射率都能表示为它的端元组分特征反射率与它们各自丰度的线性组合。线性混合模型是目前研究最多、应用最广泛的模型。线性模型已经应用到火星和月球表面探测、地质研究、气象研究、城市环境监测、植被管理和水体浊度测量等众多方面。

(2)概率(Probabilistic)模型。概率模型是由 Marsh 和 Switzer(1980)提出的改进的近似最大似然法,该模型只有在两种地物混合条件下使用,利用线性判别分析和端元光谱产生一个判别值,根据判别值的范围将像元分为不同的类别。

(3)几何光学(Geometric-Optical)模型。几何光学模型和随机几何模型是基于地面几何形状来考虑地面特性的。几何光学模型把几何光学理论和模型引入到植被的 BRDF 研究中。它主要考虑地物的宏观几何结构,把地面目标假定为具有已知几何形状和光学性质、按一定方式排列的几何体。通过分析这些几何体对光线的截获和遮蔽及地面的反射来确定地面植被的反射(Li 和 Strahler,1985)。

(4)随机几何(Stochastic Geometric)模型。随机几何模型把大多数主要的土壤和植被参数当成随机变量处理,这样便于消除一些次要参数空间波动引起的地面差异性的影响。随机几何模型主要应用于稀疏的植被监测(Bosdogianni 等,1997)和估算土地覆盖组分的反射率(Jasinski 和 Eagleson,1989)等方面。

(5)模糊分析(Fuzzy)模型。模糊模型建立在模糊集合理论的基础上。与分类概念不同,一个像元不是确定地分到某一类别中,而是赋予一个 0~1 间的值。基本原理是将各种地物类别看成模糊集合,像元为模糊集合的元素,每一像元均与一组隶属度值相对应,隶属度也就代表了像元中所含此种地物类别的面积百分比(Bastin,1997)。模糊模型主要应用到植被与裸地比例的亚像元监测、不同植被种类的估计(Foody,1996)和土壤与岩石的区分(Kruse 等,1993)等方面。

线性模型认为像元的光谱反射率仅为各组成成分光谱反射率的简单相加。而事实证明在大多数情况下,各种地物的光谱反射率是通过非线性形式加以组合的。这是由于地物光线多次反射的结果,或者由于遥感影像上地物零散,同一地物之间的灰度值范围很宽,使得同类地物在整幅影像中有一定程度的变化,很可能造成端元光谱之间的非线性混合(Song,2004),使得地物之间、目标和背景之间线性不可分。基于线性模式的方法对此情况通常无能为力,或者效果不佳。为了克服线性混合模型的不足,许多学者利用非线性光谱模型对混合光谱进行描述。非线性光谱模型最常用的是把混合像元表示为端元的二次以上多项式与残差之和(Zhang 和 Li,1998)。

非线性混合像元分解模型是近年来的研究热点,混合像元非线性分解的研究主要体现在新方法的引进与新思路的不断探索中。通用的神经网络模型,缺点是网络拓扑结构和参数难以确定,并且往往得不到全局最优解;而优化搜索技术要么效率不高,要么缺乏必要的物理意义,在混合像元分解模型中还没有得到足够的重视。

1.2.3 亚像元定位

亚像元定位(Sub-pixel Mapping),在相关文献中也称为超分辨率制图(Super-resolution Mapping)或者锐化(Sharpening),其目的是确定混合像元中不同地物类型的具体空间位置,获取更高空间分辨率的地物分类图(Foody,1998;Mertens 等,2004;Tatem 等,2002)。亚像元定位可以看作是一种提高遥感影像空间分辨率的技术,即将低分辨率遥感影像的混合像元分解结果转换成高分辨率的地物分类图。一般方法可以表述如下:首先利用混合像元分解模型得到各地物类型在混合像元中的百分比含量,然后根据一定的比例将原始混合像元划分为面积更小的亚像元,认为亚像元均为单一地物类型,并根据混合像元分解结果确定每类地物在混合像元中所占的亚像元数目,最后利用地类空间分布特征或者其他先验信息,确定不同地物类型亚像元所处的空间位置,从而得到亚像元尺度上的地物分类图。亚像元定位技术的示意图见图1-1。

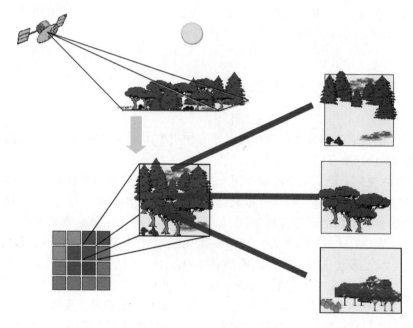

图1-1 亚像元定位原理图

从亚像元定位的基本方法来看,其关键在于地物的空间分布特征(凌峰等,2011)。如果没有任何地物空间分布的先验知识,各类地物在混合像元中的具体空间位置只能是随机分布,但是正如地理学第一定理所描述的那样"地理物体是互相关联的,空间接近的地物间关联程度高"(李小文等,2007),因此地物的分布并不是随机的,而是存在着一定的空间相关性,这种相关性确保了亚像元定位理论上的可行性(Keshava 和 Mustard,2002)。从现有研究来看,亚像元定位模型均是通过各种优化算法进行求解。Atkinson等(1997)首次提出了亚像元空间分布相关性的理论,这个理论指出:亚像元定位的核心是保证在每一个混合像元当中,相似的亚像元空间相关性最大化。

因此,人们提出了多种实用的算法,主要包括:①基于概率分布或统计假设的定位方法。假设混合像元中亚像元符合一种静态的统计分布,通过确定其归属类别的最大概率,将影像中不符合该统计分布的奇异点视为其余的类别,估计亚像元的空间位置。典型的方法有模糊统计分类(Foody,1998)、地理统计指示器(Alexandre,2006)、马尔科夫随机场模型(Teerasit,2005);②基于空间距离比较法。Mertens等(2004)、Atkinson(2005)、Yong等(2006)等通过设置不同的距离函数,比较邻近像元之间的距离,直接估计邻近亚像元的位置,实验证明这一类方法非常简单有效;③基于模型的最优化算法。这是目前最主要的一种亚像元定位方式,它包括线性与非线性两种形式,表示在满足空间依存度最大的情况下,利用各个亚像元之间的空间结构关系,来设定具体的演化规则。典型的方法有线性优化算法(Verhoeye和Wulf,2002)、GA遗传算法(Mertens等,2003)、Hopfield神经网络算法(Tatem等,2001;Nguyen等,2006)、像元交换技术(Thornton等,2006)、元胞自动机(凌峰等,2005);④基于监督型神经网络模型。实际上,神经网络特别适合模拟这种复杂的结构关系,它通过训练与目标类型相邻近的像元,调整网络参数,模拟亚像元定位结果。典型的方法如:BP神经网络(Mertens等,2003)、SOM神经网络(Lee和Lathrop,2006)。除此之外,还有一些其他的求解方法,比如小波分解(Mertens等,2004)、超分辨率重建(吴柯等,2007),等等。

1.3 面临的问题及挑战

尽管上述方法在遥感影像的亚像元定位研究中得到了成功的应用,但是,仍然存在一些亟待解决的问题,归纳起来有以下3个方面。

第一,传统的亚像元定位几乎都是采用合成图像来进行实验和验证,即把较高分辨率影像的硬分类结果重采样至低分辨率,来模拟混合像元分解后的丰度图。这样做的目的在于:避免众多不确定性因素所引起的误差,但同时也带来了一个弊端——使亚像元定位技术的应用范围受到很大的局限(Mertens等,2005)。Schneide(1993)针对直线边界的混合像元,提出了基于图像本身的亚像元尺度上的图像分割模型;Kasetkasem等(2005)提出了基于马尔科夫随机场的亚像元定位模型,该模型不将混合像元分解作为中间步骤,而是在建立目标函数的同时考虑了地物空间相关性以及混合像元光谱信息,从而实现了对原始遥感影像直接进行亚像元定位的目标。实际上,这两个步骤可以结合起来建立一个混合像元分析的综合模型。

第二,亚像元定位技术本质上是放大了原始影像对地观测的尺度,展现了大量细节化的信息。当影像中包含的地物分布比较复杂时,从小尺度空间重建到大尺度空间将变得非常困难,那么如何确定合适的演化规则是一个难点(Braswell等,2003)。由于遥感数据具有不确定性的特点,影像的大数据量使得算法设计的起点要求高、难度较大,这要求我们必须发展更加高效实用的方法,才能实现准确的亚像元定位。此外,地物尺寸与遥感影像像元分辨率之间一般存在两种不同的关系(Woodcock和Strahler,1987),即地物尺寸大于像元分辨率以及地物尺寸小于像元分辨率,由于这两种情况下地物空间分布特征与混合像元之间的关系存在较大差别,亚像元定位需要对这两种情况分别考虑,采用的处理方法也不同(Atkinson,2009)。目前,迭代求解算法应用更为广泛,其中应用较多的是像元交换算法(Atkinson,2005;Makido 和 Shortridge,2007)和 Hopfield 神经网络算法(Tatem 等,2001,2003)。像元交换算法在初始化时已经根据面积约束条件确定了各种地类的亚像元个数,求解过程中仅仅改变各亚像元的空间位置,并不改变其属性值,因此亚像元定位结果将完全满足面积约束条件;而 Hopfield 神经网络则是将面积约束嵌入到求解目标函数中,最终获得的亚像元定位结果与面积约束条件相比通常存在着一定的误差,具体的结果则和采用的算法参数存在较大关系。此外,Boucher 等(2008,2009)对地统计学应用于亚像元定位进行了较为深入的研究,认为亚像元定位应该被看成一个随机反演问题,其结果应为一个随机变量,并在此基础上讨论了利用指示半变异函数模型和多点地质统计学来描述地物空间分布结构,进而进行亚像元定位的方法。

第三,考虑初始化亚像元分布的选择以及参数设定对于算法的影响。不同模型的初始化方法对结果的影响也有所不同。Tatem 等(2001)对比了 Hopfield 网络模型随机取值与根据混合像元分解结果取值两种初始化方式,结果表明不同初始化方式对模拟结果没有明显影响;Makido 等(2008)则针对像元交换模型,分析了利用伪随机数进行初始化的问题,表明不同初始化方式本身存在的偏差和结构相关性对结果存在较大影响。模型参数选取也对亚像元定位结果有较大影响。有些参数是所有模型均需考虑的,比如,空间相关性计算方法,Makido 等(2007)讨论了计算空间相关性所用的权重函数在应用像元交换进行亚像元定位时对结果的影响;有些参数则是某种理论模型所要特别考虑的,如 Collins 和 De Jong(2004)讨论了 Hopfield 网络模型的传递函数对模拟结果的影响。

第二章 神经网络基本原理

本章将以人工神经网络的基本原理框架为线索，描述人工神经网络的一些基本概念。首先从人工神经网络的生物原型入手，归纳提炼出其仿生机理，然后介绍神经网络的基本模型结构以及在遥感信息处理中的具体学习规则，最后列出了几种具体的神经网络模型。

2.1 神经系统原理

2.1.1 生物神经元

从神经生理学和神经解剖学的研究来看，人的思维过程依赖于大脑细胞（神经元，Neurons）。神经元是人脑的基本单元，其中心为细胞体，它能对接收到的信息进行处理。图2-1是一种大脑皮层神经元的结构。

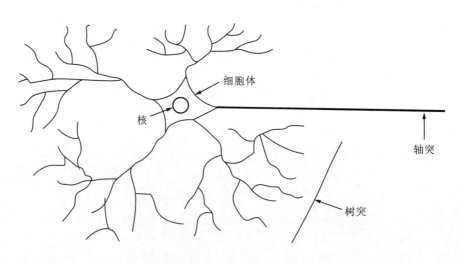

图2-1 大脑神经元形状

由图2-1可见，一个神经元是由许多树枝状纤维（生理学上称为树状晶体或树突，Dendrite）、核（Nucleus）、细胞体（Cell Body）和一个尾部（称之为轴突，Axon）构成的。树突由细胞体向各个方向长出，本身可有分支，是用来接收信号的。轴突也有许多的分支。当输入信号总和超过某个阈值时,细胞体就产生一个输出信号,这个信号通过轴突送给其他神经元,因此轴突相当于神经元的输出通道。轴突通过分支的末梢(Terminal)和其他神经细胞的树突相接触,形成所谓的突触(Synapse,图中未画出),一个神经细胞通过轴突和突触把产生的信号送到其他的神经细胞。通过介入突触的效率因子来调节信号对下一个神经元的影响强度,这个效率因子叫作突触强度。实际上,人的大脑就是由大量(约 10^{11} 个)简单的神经元构成的神经网络。通过人的感觉器官(如眼、耳、皮肤等)接受外部信息,送入神经网络后,各个神经元并行地加以处理,产生出结论,这就是人的生理思维的大概过程。

2.1.2 计算特性

神经网络只是在生物功能启示下建立的信息处理系统,并非人脑。但因神经网络模仿了人脑的结构特征和信息处理机制,也表现出许多与人脑相同的特征。与现代电子数字计算机的工作特点比较,人工神经网络的主要特点如下。

(1)人脑的高度并行。普通计算机的信息传递速度是毫微秒数量级,人脑神经元的信息传递只能以毫秒计。但人往往可在很短时间内对事物作出正确的判断,如对一般的多选一问题,人脑面对大量选择可立即给出正确结果,但用电脑来选择,则要花费很长的搜索时间。这足以说明人脑是建立在并行处理基础上的,反映了人脑与电脑具有不同的计算原理。

(2)人脑的高度非线性全局作用。神经网络系统由大量简单神经元构成,每个神经元接受大量其他神经元输入,通过非线性输入/输出关系产生输出,影响其他神经元。网络在互相影响、互相制约中实现从输入状态空间到输出状态空间的映射。网络的演化遵从全局作用原则,从起始态演化到终结态而输出。从全局观点看,网络整体性能不是网络局部性能的简单迭加,而表现为某种集体行为。电脑遵从串行式局域性操作原则,每一步计算与上一步计算紧密相关,并对下一步产生影响。

(3)人脑的良好容错性和联想记忆功能。人脑能够很快辨认出多年未见、面貌大变的朋友,能从严重模糊缺损的照片辨认出原来的图像,说明人脑具有很强的容错性和联想记忆功能。另外,人脑每日有大量的细胞死亡,却并不影响大脑功能。对于电脑来说,情况完全不同,元件的局部损坏、程序中的微小错误,都会引起严重后果,表现出极大的脆弱性。

(4)人脑与电脑信息存储和加工方式不同。对于人脑来说,知识与信息的表达与记忆是分布在许多连接键上,这些连接键又同时记录许多不同的信息,信息的处理与存储合二为一,不同信息之间自然沟通。电脑对不同的数据和知识在存储时互不相关,即局域式存储,只有通过人编的程序,才能相互沟通。正由于这种区别,表现出只能进行简单的逻辑推理,而人脑则能进行深层次的形象思维,能够根据所掌握的知识进行概括、类比、推广,很快把握全局,作出正确的判断和决策。

(5)人脑的自适应、自学习能力。人脑虽然受先天因素的制约,但后天因素,如经历、训练、学习等也起很重要的作用。人类很多智能活动并不是按逻辑推理方式进行的,而是由训练"习惯成自然"形成的,找不到明显的算法。这与电脑以逻辑编程为主的逻辑推理存在天壤之别,说明人脑具有很强的自适应和自学习能力。

2.2 人工神经网络结构

2.2.1 基本模型结构

早在20世纪40年代初期,心理学家McCulloch、数学家Pitts就提出了人工神经网络的第一个数学模型,从此开创了神经科学理论的研究时代(McCulloch,1943)。美国神经科学家Hecht Nielsen(1989)给出了一个人工神经网络的一般定义:神经网络是由多个非常简单的处理单元彼此按某种方式相互连接而形成的计算机系统,该系统是靠其状态对外部输入信息的动态响应来处理信息的。神经网络是由神经元组成,一个神经元的信息处理一般包括3个部分:输入信号、连接权重和激活函数(也称作用函数)。简化的神经元的基本工作机制是一个神经元有两种状态:兴奋和抑制。平时处于抑制状态的神经元,其树突或胞体接受其他神经元经由突触传来的兴奋电位,多个输入在神经元以代数和的方式叠加;如果兴奋总量超过某个阈值,神经元就会被激发进入兴奋状态,发出脉冲信号,并由轴突的突触传递给其他神经元。简单的神经元网络是对生物神经元的简化和模拟,其模型见图2-2。

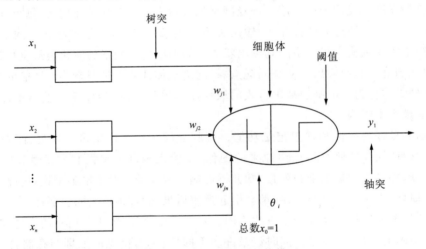

图2-2 模仿大脑神经网络模型

人工神经元是神经网络的基本处理单元(李孝安,1995)。它是一多输入、单输出的非线性元件,其输入输出关系可以描述为:

$$S_i = \sum_{j=1}^{n} w_{ji} x_j - \theta_i \quad (2-1)$$

$$y_i = f(S_i) \quad (2-2)$$

式中:$x_j(j=1,2,\cdots,n)$是从其他细胞传来的输入信号;

θ_i 为阈值(Threshold),又称为门限,一般它连接至固定偏置1;

w_{ji} 是从细胞j到细胞i的连接权值;

S_i 为神经元i的净输入;

$f(\cdot)$ 为转移函数(Transfer Function)。

神经元又称为节点,它只模仿了生物神经元所具有的大约 150 多个功能中的最基本、最重要的 3 个:①加权,即可对每个输入信号进行程度不等的加权;②求和,即确定全部输入信号的组合效果;③转移,即通过转移函数 $f(\cdot)$ 确定其输出。尽管只模仿了这 3 个功能,人工神经元构成的网络仍然显示了很强的生物原型特性,这是因为抓住了生物神经元的基本特性。转移函数 $f(\cdot)$ 又称激活函数(Activation Function),其作用是模拟生物神经元所具有的非线性转移特性,是单调上升函数,而且必须是有界函数。

因为细胞传递的信号不可能无限增加,必有一最大值,所以常用的激活函数最主要有 3 种(孙德保和高保,1994;蔡国平等,1998)。

(1)阈值函数。这种激活函数见图 2-3,可以写成:

$$\varphi(v) = \begin{cases} 1 & \text{if} \quad v \geqslant 0 \\ 0 & \text{if} \quad v < 0 \end{cases} \tag{2-3}$$

常称这种神经元为 M-P 模型。

(2)分段线性函数。分段线性函数见图 2-4,即:

$$\varphi(v) = \begin{cases} 1 & \text{if} \quad v \geqslant \frac{1}{2} \\ v & \text{if} \quad -\frac{1}{2} < v < \frac{1}{2} \\ -1 & \text{if} \quad v < -\frac{1}{2} \end{cases} \tag{2-4}$$

其中,在运算的线性区域内放大因子置为 1。这种形式的激活函数是对非线性放大器的近似。

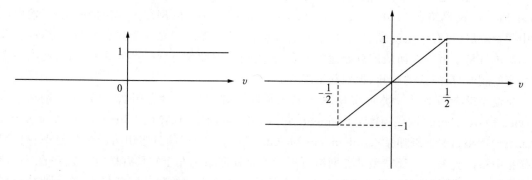

图 2-3 激活函数 1　　　　图 2-4 激活函数 2

(3)Sigmoid 函数。此函数的图形是 S 形函数,在构造人工神经网络中是最常用的激活函数。它是严格的递增函数,在线性与非线性之间显现出较好的平衡。它的一个典型例子是 Logistic 函数,定义如下:

$$\varphi(v) = \frac{1}{1 + \exp(-av)} \tag{2-5}$$

其中,a 为 Sigmoid 函数的倾斜参数。改变参数 a 就可以改变倾斜程度(图 2-5)。在极限情况下,倾斜参数趋于无穷,Sigmoid 函数就变成简单的阈值函数。阈值函数仅取-1 或 1,而 Sigmoid 函数的值域是-1 到 1 的连续区间。还要注意到 Sigmoid 函数是可微分的,而阈值函数不是。可微性是神经网络理论的一个重要特征。这种情况下激活函数是关于原点反对称的,也就是说,激活函数是 v 的奇函数。

2.2.2 拓扑结构

由于人工神经元有多种类型,神经元间的连接也有多种形式,因此人工神经网络也有多种类型。从神经元间的连接方式亦即神经网络的拓扑结构来看,常见的神经网络结构形式(刘增良和刘有才,1996;赵振宇和徐用懋,1996)如下。①全互连型结构:网络中每个神经元都与其他神经元有连接;②层次型结构:网络中的神经元分有层次,各层

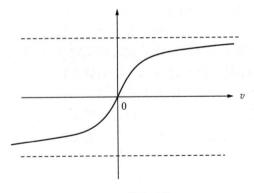

图 2-5 激活函数 3

神经元间依次相连(有时层内神经元之间也可有连接,并可有层间反馈);③网孔型结构:网络中的神经元构成一个有序阵列,每一神经元只与其近邻神经元相连;④区域互连结构:网络中的神经元分为几组,以确定的组内组间连接原则构成网络。

已提出的神经网络之所以千差万别,主要是因为对其不同的功能要求和实现要求所决定的。神经网络需完成的特定信息处理功能要求有与之相适应的网络。在智能模拟工程系统中,希望神经网络能予以实现的功能主要是推理功能、联想存储功能、学习功能和模式识别功能等。而为实现这些功能所设计的网络,目前主要有前馈型网络、反馈型动态网络和自组织网络三大类。

前馈型网络是一类单方向层次型网络模块。例如,感知器、前馈型 BP 网络、RBF(Radial Basis Function)网络、GMDH(Group Method of Data Handling)网络。它包括输入层、输出层和中间隐蔽层(可有一层或多层)。从学习的观点看,前馈型网络是一类强有力的学习系统,其结构简单且易于编程。而从信息处理观点看,它主要是一类信息"映射"处理系统,可使网络实现特定的刺激,反应式的感知、识别和推理等。

反馈型动态网络是一类可实现联想记忆及联想映射的网络。例如,Hopfield 网络、CG(Cohen-Grossberg)网络、BSB(Brain State in a Box)网络、BAM(Bidirectional Associative Memory)网络、回归 BP 网络、Boltzmann Machine 网络。这一颇具吸引力的特性使得它在智能模拟中被广泛关注。反馈型动态网络可用于信息处理系统在于它具有稳定的吸引子。在神经网络理论中,我们把反馈型动态网络对一个经验模式或实例的稳定记忆状态,称为此神经网络的一个稳定吸引子,而把能激发此吸引子从而引起预定的联想和回忆的输入条件,称为此吸引子的吸引域。神经网络对输入信息进行处理的过程常常是一个寻找出记忆中的一个对应稳定吸引子的过程。一旦外界输入进入神经网络中某稳定吸引子的吸引域(通常此输入仅为原有记忆的一部分并带有不精确信息),神经网络中神经元的状态最终会稳定在此吸引子的状态。而其输出即为按预定模式进行联想后原有记忆的内容或预定信息"转换"的结果。神经网络也即以此来完成要求的识别与推理等"思维"过程。

自组织神经网络是无教师学习网络,它模拟人类根据过去经验自动适应无法预测的环境变化。因为没有教师信号,这类网络通常利用竞争的原则进行网络的学习。最常见的 3 种自组织神经网络为自适应共振理论(Adaptive Resonance Theory,ART)网络、自组织特征映射(Self-organizing Feature Map,SFM)网络和 CPN(Counter Propagation Network)模型。

2.3 遥感信息处理中的应用方法

神经网络是由大量的神经元广泛互连而成的网络。结构相对简单而功能有限的生物神经元的"微"活动之所以能使人脑具有记忆、联想、推理和判断等高级复杂的宏效应,其原因就在于众多神经元按一定的方式连接形成网络集体工作,并按一定的规则来调整各神经元间的突触连接强度。因此,一个人工神经网络的功能主要是由两个方面决定的:一是网络的拓扑结构,也就是上一节所描述的各人工神经元间相互连接的方式;二是网络的学习方式和运行规则,即网络中连接权值的调整规则。20 世纪 90 年代以来,神经网络大量应用于遥感影像专题信息的提取工作。不同的功能要求和实现要求决定了神经网络的多样性和复杂性,下面对典型的神经网络学习方式和学习规则做一个具体介绍。

2.3.1 神经网络学习方式

神经网络中的神经元可以分为 3 种类型:输入神经元、输出神经元和隐含神经元。输入神经元接受外部信息,输出神经元则向外部输出信息。这两种神经元是神经元与外部环境交换信息的通道,是神经元的重要组成部分。隐含神经元则处于神经元内部,不与外部环境产生直接联系。隐含神经元只接受其他神经元的输出作为输入,产生的输出只作用于神经元。在早期一些简单的神经网络中,只有输入输出神经元,而没有隐含神经元。这种结构的网络计算能力有限,无法实现一些复杂的函数映射。隐含神经元的出现,提高了神经网络的能力,在神经网络中起着极为重要的作用。这 3 类神经元相互连接,构成了一个功能完整的神经网络。

神经网络的工作过程主要分为两个阶段:一是学习过程(训练过程),此时各计算单元状态不变,各连线上的权值,通过学习来修改;二是网络的运行过程(也叫联想过程),此时连接权固定,计算单元状态变化,以达到某种稳定状态。学习就是相继给网络输入一些样本模式,并按照一定的规则(即学习算法)调整网络各层的权矩阵,待网络的各权值都收敛到一定值时,学习过程便告结束。可见,学习过程的实质就是网络的权矩阵随外部环境的激励作自适应变化的过程。通过向环境学习获取知识并改进自身性能是神经网络的一个重要特点。在一般情况下,性能的改善是按某种预定的度量通过调节自身参数(权值)随时间逐步达到的。学习方式可分为两大类:监督学习(或增强学习)和非监督学习。学习方法的选择与能得到的被控对象的信息有关。

1. 监督学习(Supervised Learning)

这种学习方式需要在给出输入模式的同时,给出外部的监督,通过这种监督提供性能误差信息,当输出与监督信息达到预定的要求时,停止学习。具体在应用中,需要使用训练集中的某个输入模式,计算出网络的实际输出模式,再与期望模式相比,求出误差。根据误差,再按某种算法调整各层的权矩阵,以使误差朝着减小的方向变化。逐个使用训练集中的每一个训练对,不断地修改网络的权值。整个训练集要反复地作用于网络许多次,直到整个训练集作用下的误差小于事前规定的容许值为止。增强学习用于目标、期望输出不明的情况,实际上它也是监督学习算法的一种。通过一个描述输出性能的比例因子作为修正信息,该信息一般由内部评价机构产生。目前采用的监督学习算法包括:感知器学习规则、Delta 学习规则、Widrow -

Hoff 学习规则、相关学习规则等。

2. 非监督学习（Unsupervised Learning）

这种学习算法不需要外部信息的监督，只依赖局部信息和内部控制，训练集由各种输入模式组成，而不提供相应的输出模式，通过自动对周围的环境进行学习调整，直到网络的结构和连接分布能合理地反映训练样本的统计分布。非监督学习算法应保证：当向网络输入类似的模式时能产生相同的输出模式。也就是说，网络能抽取训练集的统计特性，从而把输入模式按其相似程度划分为若干类，但在训练之前，无法预先知道某个输入模式将产生什么样的输出模式或属于哪一类。只有训练后的网络才能对输入模式进行正确的判断。这种学习不是要寻找特殊映射函数。常用学习规则有 Hebb 学习规则、胜者为王学习规则（Winner - take - All Learning Rule）。

2.3.2 神经网络学习规则

不同的神经网络模型，依据它的功能和性能要求采用不同的学习规则形成的学习算法，其学习算法各有优点，因此可在同一信息采集问题中采用不同的学习算法。神经元的权值的学习法则，一般为下列模式：

$$w_i(t+1) = kw_i(t) + \Delta w_i, \quad 0 < k < 1 \quad (2-6)$$

$$\Delta w_i = \eta \delta x_i, \quad \eta > 0 \quad (2-7)$$

式中：x 为输出；

k、η 为学习效率的系数；

δ 为学习信号；

$w_i(t)$ 和 $w_i(t+1)$ 分别为第 t 次和第 $t+1$ 次时的权值。

以下根据神经网络的确定权值的方法不同，介绍集中确定权值的常用规则。

1. Hebb 学习规则

Hebb 学习规则是最早的、最著名的训练算法，它基于的想法，就是当同一时刻两个被连接的神经元的状态都是"1"（兴奋）时，加大连接两者的权值。在神经网络中 Hebb 算法简单描述为：如果一个处理单元从另一处理单元接收输入激励信号，而且如果两者都处于高激励电平，那么处理单元间的加权就应当增强。用数学来表示，就是两节点的连接权将根据两节点的激励电平的乘积来改变，即：

$$\Delta w_{ij} = w_{ij}(n+1) - w_{ij}(n) = \eta y_i x_j \quad (2-8)$$

式中：$w_{ij}(n)$ 为第 $n+1$ 次调节前，从节点 j 到节点 i 的连接权值；

$w_{ij}(n+1)$ 为第 $n+1$ 次调节后，从节点 j 到节点 i 的连接权值；

η 为学习速率参数；

x_j 为节点 j 的输出，并输入到节点 i；

y_i 为节点 i 的输出。

对于 Hebb 学习规则，学习信号 δ 简单地等于神经元的输出：

$$\delta = f(W_i^T X) \quad (2-9)$$

权向量的增量变为：

$$\Delta W_i = \eta f(W_i^T X) X = \eta \delta X \quad (2-10)$$

对于单个的权用以下的增量得到修改：

$$\Delta w_{ij} = \eta f(W_i^T X) x_j \tag{2-11}$$

即

$$\Delta w_{ij} = \eta y_i x_j, \quad j = 1, 2, \cdots, n \tag{2-12}$$

这个学习规则在学习之前要求在 $W_i = 0$ 附近区域的小随机值上对权值进行初始化。规则说明了如果输出和输入的数量积是正的，将产生权值 w_{ij} 的增加；否则，权值减小。

2. 感知器学习规则

在感知器学习规则中，学习信号等于期望和实际神经元的响应之间的差，因而学习受到指导而学习信号等于：

$$\delta = d_i - y_i \tag{2-13}$$

$$w_i(k+1) = w_i(k) + \eta(d_i - y_i)x_j, \quad i = 0, 1, 2, \cdots, n \tag{2-14}$$

式中：$w_i(k)$ 为当前的权值；

d_i 为导师信号；

y_i 为感知器的输出值；

η 为控制权值修正速度的常数（$0 < \eta \leqslant 1$）。权值的初始值一般取较小的随机非零的值。

值得注意的是，感知器学习方法在函数不是线性可分时，得不出任何结果，另外也不能推广到一般的前馈网络中去。主要原因是转移函数为阈值函数，为此人们用可微函数，如 Sigmoid 函数来代替阈值函数，然后采用梯度下降算法来修正权值。

3. Delta 学习规则

Delta 学习规则又称最小均方误差（Lean Mean Square，LMS）。它利用目标激活值与所得的激活值之差进行学习。其方法是：调整函数单元的联系强度，使这个差最小。Delta 学习规则适用于：

$$f(net) = \frac{2}{1 + \exp(-\lambda net)} - 1 \tag{2-15}$$

和

$$f(net) = \frac{1}{1 + \exp(-\lambda net)} \tag{2-16}$$

以及可适用于有导师训练模式中的连续激活函数。这种学习规则的学习信号称为 Delta 并定义如下：

$$\delta = [d_i - f(W_i^T X)] f'(W_i^T X) \tag{2-17}$$

式中：$X = (x_1, x_2, \cdots, x_n)^T$，$f'(W_i^T X)$ 为激活函数 $f(net)$ 的导数，$net = W_i^T X$。

学习规则能够很容易地由实际输出值和期望值之间的最小平方误差推导出来。计算如下：令 i 为对第 i 个单元进行的计算，d_i 为第 i 个单元的期望输出值，$y_i = f(net)$ 为第 i 个单元实际输出值，计算平方误差关于第 i 个单元的权向量 W_i 的梯度向量，平方误差定义为：

$$E = \frac{1}{2}(d_i - y_i)^2 \tag{2-18}$$

这里乘以因子 1/2 的目的仅仅是使得表达式可以用一种方便的形式来表达。上式即为：

$$E = \frac{1}{2}[d_i - f(W_i^T X)]^2 \tag{2-19}$$

平方误差关于权向量 W_i 的梯度向量值为：

$$\nabla E = -[d_i - f(W_i^T X)]f'(W_i^T X)X \tag{2-20}$$

梯度向量的分量为:

$$\frac{\partial E}{\partial w_{ij}} = -[d_i - f(W_i^T X)]f'(W_i^T X)x_j, \quad j = 1,2,\cdots,n \tag{2-21}$$

一般称 E 为误差能量。由于误差能量下降最快的方向就是沿着那一点的负梯度方向,所以取:

$$\Delta W_i = -\eta \nabla E, \quad \eta > 0 \tag{2-22}$$

即

$$\Delta W_i = \eta(d_i - y_i)f'(net_i)X \tag{2-23}$$

对于权向量的分量,调节变成:

$$\Delta w_{ij} = \eta(d_i - y_i)f'(net_i)x_j, \quad j = 1,2,\cdots,n \tag{2-24}$$

因此最小平方误差,通过式(2-21)可计算出权值的改变量。在式(2-21)中代入由式(2-15)定义的学习信号,权值调节变成:

$$\Delta W_i = c(d_i - y_i)f'(net_i)X \tag{2-25}$$

其中,c 为正常数,称为学习常数,确定学习的速率。因此式(2-24)和式(2-25)是等同的。对于这种训练方法,权值可以取任何初始值。η 学习规则能够被推广应用于多层网络。

4. 胜者为王学习规则

这个规则是竞争学习的一个例子,被用于非监督神经网络的训练(Grossberg,1997)。这个学习是基于某层,比如 m 层中神经元中的一个有最大响应为前提。例如,这个响应是由输入 X 引起的,则这个神经元被宣布为获胜者。由于这个事件的结果,权向量 W_m 为:

$$W_m = [w_{m1}, w_{m2}, \cdots, w_{mn}]^T \tag{2-26}$$

得到调节,它的增量按下式计算:

$$\Delta W_m = \alpha(X - W_m) \tag{2-27}$$

其中,$\alpha > 0$ 是一个小的学习常数。选择获胜者的方法是基于参加竞争的 m 层中所有 p 个神经元中最大激活的准则。其表达式如下:

$$W_m^T = \max_{i=1,2,\cdots,p}(W_i^T X) \tag{2-28}$$

这个准则就是寻找最接近于输入矢量 X 的权向量,然后唯独对此获胜权向量的权值进行调整。输入后的权向量趋向于比较好地估计输入模式。

2.4 三种典型的神经网络模型

随着神经网络技术的不断发展和应用范围的不断扩大,出现了各种不同类型的神经网络模型。

2.4.1 BP 神经网络模型

BP(Back Propagation)神经网络是应用最为广泛的一种人工神经网络,它的结构简单,工作状态稳定,易于硬件实现,主要在识别分类、非线性映射、复杂系统仿真等范围被大量应用。标准 BP 神经网络算法是一种误差反向传播的前馈网络学习算法。网络模型中不仅有输入层节点、输出层节点,而且有隐层节点(可以是一层或多层)。对于输入信号,要先向前传播到隐层节点,经过作用函数后,再把隐节点的输出信息传播到输出节点,最后给出输出结果。这个算法的学习过程,由正向传播和反向传播组成。在正向传播中,输入信息从输入层经隐单元层逐层处理,并传向输出层,每一层神经元的状态只影响下一层神经元的状态。如果在输出层不能得到期望的输出,则转入反向传播,将误差信号沿原来的连接通路返回,通过修改各层神经元的权值,使得误差信号最小。其一般结构见图2-6。

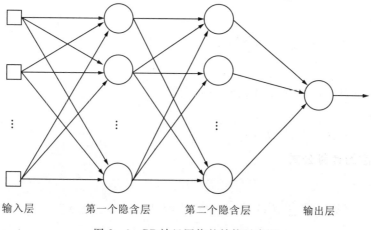

图2-6 BP神经网络的结构示意图

BP神经网络的学习过程主要由4个部分组成:①输入模式顺传播(输入模式由输入层经中间层向输出层传播计算);②输出误差逆传播(输出的误差由输出层经中间层传向输入层);③循环记忆训练(模式顺传播与误差逆传播的计算过程反复交替循环进行);④学习结果判别(判定全局误差是否趋向极小值)。

BP神经网络经常使用的是S(Sigmoid)型的对数或正切激活函数和线性函数。图2-5为S型激活函数的图形,对于多层网络,这种激活函数所划分的区域不再是线性划分,而是由一个非线性的超平面组成的区域。它是比较柔和、光滑的任意界面,因而它的分类比线性划分更精确、合理,这种网络的容错性较好。另一个重要的特点是,由于激活函数是连续可微的,它可以严格利用梯度法进行推算,它的权值修正解析式十分明确,其算法被称为误差反向传播法。

BP算法是一种监督式学习算法,其主要思想为,对于q个输入学习样本:$P^1,P^2,\cdots,P^q$,已知与其对应的输出样本为:$T^1,T^2,\cdots,T^q$。学习的目的是用网络的实际输出:$A^1,A^2,\cdots,A^q$与目标矢量$T^1,T^2,\cdots,T^q$之间的误差来修改其权值,使$A^i(i=1,2,\cdots,q)$与期望的T^i尽可能地接近,即:使网络输出层的误差平方和达到最小。它是通过连续不断地在相对于误差函数斜率下降的方向上计算网络权值和偏差的变化而逐渐逼近目标的。每一次权值和偏差的变化都与网络误差的影响成正比,并以反向传播的方式传递到每一层。

算法由两部分组成:信息的正向传播和误差的反向传播。在正向传播过程中,输入信息从输入层经隐含层逐层计算传向输出层,每一层神经元的状态只影响下一层神经元的状态。如果在输出层没有得到期望的输出,则计算输出层的误差变化值,然后转向反向传播,通过网络将误差信号沿原来的连接通路反向传回来修改各层神经元的权值直至达到期望目标。

将 BP 网络三层节点定义:输入节点为 X_j,隐节点为 Y_i,输出节点为 O_l,输入节点与隐节点间的网络权值为 W_{ij},阈值为 θ_i,隐节点与输出节点间的网络权值为 T_{li},输出节点的期望输出为 T_{li},那么可以对 BP 网络中的计算公式进行定义。

1. 隐层节点的计算公式

计算输出:
$$Y_i = f(\sum_j W_{ij} X_j - \theta_i) = f(net_i) \tag{2-29}$$

误差公式:
$$\delta' = Y_i(1-Y_i)\sum_l \delta_l T_{li} \tag{2-30}$$

权值修正:
$$W_{ij}(k+1) = W_{ij}(k) + \eta'\delta'_i X_j \tag{2-31}$$

阈值修正:
$$\theta_i(k+1) = \theta_i(k) + \eta'\delta'_i \tag{2-32}$$

2. 输出节点的计算公式

计算输出:
$$O_l = f(\sum_i T_{li} Y_i - \theta_l) = f(net_l) \tag{2-33}$$

误差公式:
$$E = \frac{1}{2}\sum_l (t_l - O_l)^2 = \frac{1}{2}\sum_l \left\{t_l - f\left[\sum_i T_{li} f(\sum_j W_{ij} X_j - \theta_i) - \theta_l\right]\right\}^2 \tag{2-34}$$

误差修正:
$$\delta_l = (t_l - O_l) \cdot O_l \cdot (1 - O_l) \tag{2-35}$$

权值修正:
$$T_{li}(k+1) = T_{li}(k) + \eta\delta_l Y_i \tag{2-36}$$

阈值修正:
$$\theta_l(k+1) = \theta_l(k) + \eta\delta_l \tag{2-37}$$

2.4.2 Fuzzy ARTMAP 神经网络模型

模糊技术已经被成功地广泛运用于自动控制应用领域。近年来有学者研究将模糊逻辑应用于决策判决、图像处理、模式识别等多种领域。它既可用于模式识别的特征提取,也可用于模式分类。ARTMAP 利用自适应谐振理论模仿人的认知过程和智能处理行为,是一种自组织神经网络(Carpenter 等,1991)。它在神经生理学和心理学等许多方面模仿人脑神经系统工作的许多特点,诸如层次性、双向性(由底向上和由顶向下)、注意力的集中和转移、竞争选择和重置、神经元的生物化学动态模型等。这与纯粹借助于物理模型的 Hopfield 神经网络和借助于自适应信号处理理论的前向多层神经网络相比,具有更丰富的智能性。

ARTMAP 网络是一种在线有监督神经网络,每个 ARTMAP 系统包含两个自适应谐振理论模块 ART_a 和 ART_b。当 ARTMAP 处于有监督学习阶段,ART_a 输入为样本特征 $a(a_1, a_2, \cdots, a_n)$,ART_b 的输入为 a 的期望输出结果。ART_a 与 ART_b 通过映射场(Map-Field)相连接,该映射场实际上是内部控制器,通过最小、最大学习规则控制 ART_a 的识别类别数,亦即达到识别标准的最小隐单元个数,从而使系统具有快速、高效、准确的特性。

ARTMAP 系统的两个模块 ART_a 和 ART_b 通过映射场 F^{ab} 发生关联,映射场产生各个类别的预测联想及实现匹配跟踪(Match Tracking)规则。按照此规则,当 ART_b 分类发生错误时,ART_a 相应提高预警参数,从而再次搜索新的类别,由于匹配跟踪规则能够识别类别结构,因而在同一样本集中不会发生同样的分类错误。ARTMAP 的网络拓扑图见图 2-7。

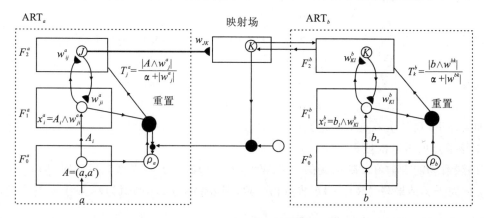

图 2-7 ARTMAP 结构图

模糊 ARTMAP 算法主要分为如下 4 个步骤。

(1)网络初始化。设 ART_a 的输入矢量:$A=(a,a^c)=(a_1,a_2,\cdots,a_{M_a},a_1^c,a_1^c,\cdots,a_{M_a}^c)$。同样,$ART_b$ 的输入矢量 $B=(b_1,b_2,\cdots,b_{M_b},b_1^c,b_1^c,\cdots,b_{M_b}^c)$。其中 a,b 为归一化的输入特征量,$a_i^c=1-a_i$,$b_i^c=1-b_i$。再令 ART_a 短期记忆层 F_1^a 的输出矢量 $X^a=(x_1^a,x_2^a,\cdots,x_{2M_a}^a)$,长期记忆层 F_2^a 的输出矢量 $Y^a=(y_1^a,y_2^a,\cdots,y_{2M_a}^a)$,这一层第 j 个神经元的权重矢量 $W_j^a=(w_{j1},w_{j2},\cdots,w_{j2M_a})$。同样,$ART_b$ 短期记忆层的输出矢量 $X^b=(x_1^b,x_2^b,\cdots,x_{2M_b}^b)$,长期记忆层 F_2^b 的输出矢量 $Y^b=(y_1^b,y_2^b,\cdots,y_{2M_b}^b)$。那么,这一层第 k 个神经元的权重矢量 $W_k^b=(w_{k1}^b,w_{k2}^b,\cdots,w_{k,2M_b}^b)$。

对于映射场,定义 F_{ab} 的输出矢量 $X^{ab}=(x_1^{ab},x_2^{ab},\cdots,x_{N_b}^{ab})$,定义 ART_a 长期记忆层 F_2^a 的第 j 个神经元到 F^{ab} 的权重矢量 $W_j^{ab}=(w_{j1}^{ab},w_{j2}^{ab},\cdots,w_{jN_b}^{ab})$。以上矢量初始时均设为 0。

(2)激活映射场。只要当 ART_a 或 ART_b 中的任一类别单元被激活,ARTMAP 的映射场就被激活。假设 ART_a 的聚类结果是选择了 F_2^a 层的 j 单元,那么 j 与映射场间的权重 W_j^{ab} 激活了映射场 F^{ab}。

假设 ART_a 的聚类结果是选择了 F_2^a 的类别单元 j,那么 j 与映射场间的权重 W_j^{ab} 就激活了映射场 F^{ab}。若 ART_b 的聚类结果是 k 单元,那么与之一一对应的在映射场中的 k 节点被激活。如果 ART_a 和 ART_b 都是活跃的,且 ART_a 的选择分类结果与 ART_b 的结果相匹配,则 F^{ab} 的输出矢量 X^{ab} 反映了正确的分类结果。综合上述情形,ARTMAP 的映射场输出矢量遵从下式:

$$X^{ab}=\begin{cases} Y^b \wedge W_j^{ab} & 若 F_2^a 的第 j 个节点及 F_2^b 均激活 \\ W_j^{ab} & 若 F_2^a 的第 j 个节点激活而 F_2^b 未激活 \\ Y^b & 若 F_2^b 激活而 F_2^a 未激活 \\ 0 & 若 F_2^a 和 F_2^b 均未激活 \end{cases}$$

式中：∧表示模糊与，∧＝min imum(y_{ji}^b, w_{ji}^{ab})。由上式，当 ART_a 的结果与 ART_b 不匹配时，$X^{ab}=0$，此时激发 ART_a 进行新的类别搜索，进入匹配的追踪阶段。

(3) 匹配追踪。起始时，ART_a 的预警参数 ρ_a 设置为一个较小的预警基数 ρ_0，而 ρ_0 为映射场的预警参数。如果：

$$|X^{ab}| < \rho_{ab} |Y^b| \qquad (2-38)$$

ρ_a 相应提高，直至 ρ_a 略大于 $|A \wedge W_j^a\| A|^{-1}$。此时有：

$$|X^a| = |A \wedge W_j^a| < \rho_a |A| \qquad (2-39)$$

其中，下标 j 表示 F_2^a 层的任一个节点的索引号。这样 ART_a 进行搜索另外的节点，使得：

$$|X^a| = |A \wedge W_j^a| \geq \rho_a |A| \qquad (2-40)$$

以及

$$|X^{ab}| = |Y^b \wedge W_j^{ab}| \geq \rho_{ab} |Y^b| \qquad (2-41)$$

如果在 F_2^a 层的 j 节点不满足式(2-40)和式(2-41)式，则 ART_a 将屏蔽掉同一类样本输入 A 对该节点的再一次搜索。

(4) 映射场的自学习。映射场的权重 W_j^{ab} 初始时均置为 1，当谐振发生时，即若 ART_a 的节点 j 作为分类结果与 ART_b 的 k 节点相一致，则 w_{jk}^{ab} 恒为 1，w_{jm}^{ab} 恒为 0（对于 k 不等于 m）。

2.4.3 Hopfield 神经网络模型

Hopfield(1982)利用非线性动力学系统理论中的能量函数方法研究反馈人工神经网络的稳定性，并利用此方法建立求解优化计算问题的系统方程式，提出了可用作联想存储器的互连网络，这个网络称为 Hopfield 网络模型，也称 Hopfield 模型，并成功地被应用于 TSP 等经典 NP 难题的研究中，极大地推动了神经网络的发展（王建华，1999；周成虎等，1999）。Hopfield 网络模拟人的神经系统结构和人脑的信息处理功能，在优化计算、信息压缩和模式识别领域取得了广泛的应用。

Hopfield 神经网络模型是一个由非线性元件构成的全连接型单层反馈系统，从输出到输入都有反馈连接（图 2-8）。所以，Hopfield 网络在输入的激励下，会产生不断的状态变化。当有输入之后，可以求取 Hopfield 的输出，这个输出可以反馈到输入从而产生新的输出，这个反馈过程一直进行。如果 Hopfield 网络是一个能收敛的稳定网络，则这个反馈与迭代的计算过程所产生的变化越来越小，一旦到达了稳定平衡状态，Hopfield 网络就会输出一个稳定的恒值。通常，Hopfield 网络分为离散型和连续型两类。

1. 离散型 Hopfield 网络

离散型 Hopfield 神经网络由 N 个神经元互连而成。神经元的输出为离散值 1 或 0，它们分别代表神经元的激活和抑制状态。这种神经网络的各神经元相互连接，其连接强度用权值表示，$N \times N$ 维矩阵称之为权矩阵。每个神经元都有一阈值（或称门限值）。权矩阵和阈矢量就定义唯一一个 N 维的离散型 Hopfield 神经网络。对于一个离散的 Hopfield 网络，其网络状态是输出神经元信息的集合。对于一个输出层是 n 个神经元的网络，其 t 时刻的状态为一个 n 维向量：

$$Y(t) = [Y_1(t), Y_2(t), \cdots, Y_n(t)]^T \qquad (2-42)$$

所以网络状态有 $2n$ 个状态。因为 $Y_j(t)$（其中 $j=1,2,\cdots,n$）可以取值为 1 或 0，故 n 维向

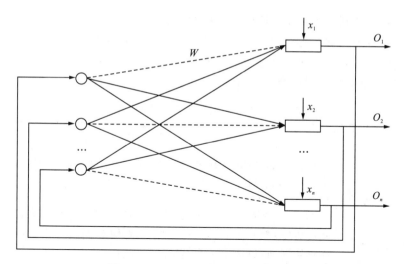

图 2-8 Hopfield 神经网络的结构图

量 $Y(t)$ 有 $2n$ 种状态,即网络状态。

离散型 Hopfield 网络是一种多输入含有阈值的二值非线性动力系统。在动力系统中,平衡稳定状态可以理解为系统某种形式的能量函数在系统运动过程中其能量值不断减小,最后处于最小值。

2. 连续型 Hopfield 网络

连续型 Hopfield 神经网络同样由 N 个神经元互连而成,但神经元的输出不再是离散值 0 或 1,而是可以在某一区间连续变化。这种拓扑结构与生物神经系统中大量存在的神经反馈回路相一致,与离散型 Hopfield 网络的结构相同。两种类型网络的共同点是:连续 Hopfield 网络的稳定条件也要求 $W_{ij}=W_{ji}$。不同之处在于:其函数 g 不是阶跃函数,而是 S 型的连续函数。一般取:

$$g(u) = 1/(1+e^{-u}) \tag{2-43}$$

连续型 Hopfield 网络在时间上是连续的。所以,网络中各神经元是处于同步方式工作的。Hopfield 工作时其各个神经元的连接权值是固定的,更新的只是神经元的输出状态。

3. Hopfield 网络优化规则

Hopfield 神经网络的运行步骤为:首先从网络中随机选取一个神经元 u_i,进行加权求和;然后再计算 u_i 的第 $t+1$ 时刻的输出值。若除 u_i 以外的所有神经元的输出值保持不变,则返回至第 1 步,直至网络进入稳定状态。网络中的每一个神经元都将自己的输出通过连接权传送给其他所有神经元,同时又都接收其他所有神经元传递过来的信息。即:网络中的神经元 t 时刻的输出状态实际上间接地与自己 $t-1$ 时刻的输出状态有关。所以,Hopfield 神经网络是一个反馈型的网络,其状态变化可以用差分方程来表征。利用神经网络进行优化计算,就是在神经网络这一动力系统中给出初始的估计点,即初始条件;然后随网络的运动传递而找到相应极小点。反馈型网络的一个重要特点就是它具有稳定状态。当网络达到稳定状态,它的能量函数达到最小。这里的能量函数不是物理意义上的能量函数,而是在表达形式上与物理意义上的能量概念一致,表征网络状态的变化趋势,并可以依据 Hopfield 工作运行规则不断进行状态变化,最终能够达到的某个极小值的目标函数。如果把一个最优化问题的目标函数转换成网络的能量函数,把问题的变量对应于网络的状态,那么 Hopfield 神经网络就能够用于解决优化组合问题,这样大量的优化问题都可以用连续的 Hopfield 网络来求解。表 2-1 中简单地列举了 3 种常用的神经网络类型的对比。

表 2-1 3 种常用的神经网络模型的描述

名称	描述
Back Propagation	是多层映射网络,采用最小均方差的学习方式。目前仍然是最普及和最广泛应用的网络,工作良好,容易学习
Adaptive Resonance Theory	ART_a 和 ART_b 可以对任意多和任意复杂的二维模式进行自组织、自稳定和大规模并行处理,前者用于二进制输入,后者用于连续信号输入。系统复杂,难以用硬件实现,应用受到限制
Hopfield	由相同元件构成的单层,而且不带学习功能的自联想网络。从片断资料或图像中取回完整的信息。能在大规模尺度中实现

第三章 混合像元分解模型

遥感影像中像元的光谱特征是几种地物光谱特征的混合反映,不同地物具有不同的辐射特性,故混合像元的辐射特性与任何"纯"像元(端元)的辐射特性都不相同,从而使这个像元不属于任何典型地物,而是介于各典型地物之间,这就给遥感解译造成了困扰。根据地物光谱特性进行分类时,"纯"像元相对易于判别,而混合像元无论直接归属到哪一类地物,都不完全正确,因为它至少不完全属于这种典型地物。通过一定的方法找出组成混合像元的各种"组分"的比例,使遥感应用由像元级进入亚像元级,那么因混合像元的归属而产生的错分、误分问题也就迎刃而解,这类方法就称为混合像元分解。

3.1 硬分类和混合像元

硬分类和软分类是相对而言的,遥感影像的硬分类从数字图像处理的角度可以看作图像分割,即将图像中具有特殊含义的不同区域分开来,这些区域是相互不交叉的,每一个区域都满足特定区域的一致性。从处理对象的角度来讲,分割是在遥感图像中确定所关心的目标地物。显然,只有把"感兴趣的地物"从复杂的影像中提取出来,才有可能进一步对各种地物进行定量分析,进而对遥感图像进行理解。将一幅遥感影像进行硬分类就是将图像按照一定准则分割为不相关联的、非空的影像子区域,这种准则包括光谱亮度、空间结构、纹理特征或时相特征等。从硬分类的角度来看,影像中的单个像元处于"非此即彼"的状态中。常见的硬分类有最大似然分类、最小距离分类等。

遥感对地物的探测是以像元为单位,利用光子探测器或热探测器检测地物对特定波长(频率)的电磁波的作用结果。像元除了有一定的光谱参量外,还表征地物的空间分布,即具有一定的面积。事实上,遥感影像中像元很少是由单一均匀的地表覆盖类型组成的,一般都是几种地物的混合体,遥感影像中混合像元数目的多少在很大程度上由遥感影像成像的空间分辨率以及不同的地表对象决定。早在1985年Irons等就指出LANDSAT/TM专题图影像中,草地中出现混合像元的可能性为68.3%,尤其是中低分辨率的遥感影像(如NOAA/AVHRR、SPOT、MODIS等),混合像元出现的概率更大。

从理论上讲,混合像元的形成有以下原因(赵英时,2003):
(1)单一组分物质的光谱、几何结构,以及在像元中的空间分布。
(2)大气传输过程中的混合效应。
(3)遥感仪器本身的混合效应。

其中,(2)中大气的影响可以通过大气校正加以部分克服;(3)仪器影响可以通过仪器的校准、定标来解决。而(1)中的问题又有下列情况:①两个或多个地物组分单元间边界(如田地-林地边界);②过渡地带(如两个生物群落之间);③线性目标(如道路);④小目标(如田地中的房屋)。

在遥感影像上看不到比图像分辨率小的地物,但可以通过混合像元分解技术推断它们在某个像元中是否存在。在混合像元分解技术中,必须使用多个光谱波段,而不是只使用全色波段或多光谱图像的一个波段,因此又被称为混合光谱分解。分解混合像元时,被分解出来的成分为端元,每个端元对应一种地物。端元被认为是组成混合像元的最基本的成分,在混合模型中,端元不能再分。

光谱混合可以分为线性和非线性两种基本的形式。线性混合的情况发生在传感器视场内的端元组分分布像拼盘一样的地方,通常这种情况发生在不连续分布的地物之间,如河流水体与河岸。在这种情况下,传感器接受的光子只与单一的地物有关。在构建模型时假设物质之间不互相影响,不同的地物间的多次散射可以忽略,光子到达传感器之前只与一种地物接触,传感器接收的能量只与地物的性质和该地物在像元中占的面积有关,为从各类地物接收到的能量的和。

非线性混合情况发生在地物随机分布或者致密混合的情况,如在土壤中可能有各种各样的岩石分布其中,在森林里有各种类型的树木混合在一起,各个组分端元之间因此发生多次散射,传感器接收的信号是各种随机分布的端元组分经过多次散射的结果,在构建模型时,它不只是考虑感兴趣的像元内各组成部分的影响,而且考虑相邻像元影响。

多年来国内外学者探索遥感光谱成像机理,模拟光谱混合过程,建立了多种混合光谱模型,研究发展了不同的混合光谱分解方法。

3.2 线性混合光谱模型

3.2.1 数学模型分析

线性模型是最简洁、应用最广泛的光谱混合模型,以线性混合模型为基础的光谱混合分析技术(SMA)已经应用到各个领域。线性模型一方面利用多光谱影像波段大于端元数的特点进行像元分解,另一方面也可以利用多时相遥感影像进行像元分解。模型计算的结果为各端元的分量图像和一幅表征均方根误差的残差图像(吴波,2006)。

在线性模型中,将像元在某一波段的光谱反射率表示为占一定比例的各个终端单元(Endmember)反射率的线性组合,设 r 是大小为 $m \times 1$ 的像元光谱矢量,$S=[s_1,s_2,\cdots,s_k]$ 是大小为 $m \times K$ 的端元光谱矩阵,$\boldsymbol{\alpha}=[\alpha_1,\alpha_2,\cdots,\alpha_K]^T$ 是 k 维矢量,其各分量元素为对应像元组分,e 为 m 维随机噪声,且满足 $e \sim N(0,1)$ 的独立分布。

则线性混合像元模型为:

$$r = S\boldsymbol{\alpha} + e \tag{3-1}$$

因此,第 i 波段像元反射率 γ_i 可以表示为:

$$\gamma_i = \sum_{j=1}^{n}(a_{ij}x_j) + e_i \tag{3-2}$$

式中:$i=1,2,\cdots,m,j=1,2,\cdots,n$;

γ_i 为混合像元第 i 个波段的反射率;

a_{ij} 为第 i 个波段第 j 个端元组分的反射率;

x_j 为该像元第 j 个端元组分的丰度;

e_i 是第 i 波段的误差;

m 为波段数;

n 为选定的端元组分数。

假设端元光谱矩阵 S 已知,则混合像元的最小二乘估计是在噪声能量 e 为最小条件下,得出组分 $\boldsymbol{\alpha}$ 的最优估计。

$$\|e\|_F^2 = \|\boldsymbol{r} - \boldsymbol{S}\boldsymbol{\alpha}\|_F^2 \tag{3-3}$$

式中:$\|\cdot\|$ 表示对矢量求范数,它定义为对应矢量的点积。因此式(3-3)可以写为:

$$\boldsymbol{e}^T\boldsymbol{e} = (\boldsymbol{r}-\boldsymbol{S}\boldsymbol{\alpha})^T(\boldsymbol{r}-\boldsymbol{S}\boldsymbol{\alpha}) = \boldsymbol{r}^T\boldsymbol{r} - 2\boldsymbol{\alpha}^T\boldsymbol{S}^T\boldsymbol{r} + \boldsymbol{\alpha}^T\boldsymbol{S}^T\boldsymbol{S}\boldsymbol{\alpha} \tag{3-4}$$

定义能量:

$$\boldsymbol{J} = \|e\|_F^2 = \boldsymbol{e}^T\boldsymbol{e} \tag{3-5}$$

对 J 求偏导,求出组分 $\boldsymbol{\alpha}$ 的估计值 $\hat{\boldsymbol{\alpha}}$:

$$\frac{\partial \boldsymbol{J}}{\partial \boldsymbol{\alpha}}\bigg|_{\hat{\boldsymbol{\alpha}}} = 0 \Rightarrow -2\boldsymbol{S}^T\boldsymbol{r} + 2\boldsymbol{S}^T\boldsymbol{S}\boldsymbol{\alpha} = 0 \tag{3-6}$$

因此,

$$\hat{\boldsymbol{\alpha}} = (\boldsymbol{S}^T\boldsymbol{S})^{-1}\boldsymbol{S}^T\boldsymbol{r} \tag{3-7}$$

由于 S 为端元光谱矩阵,其各列元素为不同纯净地物的光谱响应值,它们是相互线性独立的,因此如果 S 的列数小于行数,即端元数目小于波段数目时,自相关矩阵的逆 $(\boldsymbol{S}^T\boldsymbol{S})^{-1}$ 总是存在的,因而能够估计出各地物组分值 $\hat{\boldsymbol{\alpha}}$。

从上面的推导可以看出,在估计 $\hat{\boldsymbol{\alpha}}$ 的值时,假设 $e\sim N(0,1)$ 的独立分布的条件是不必要的。但为了简化下面的推导,在推导过程中还是附加了这个限定。

这时,像元光谱矢量 r 的估计值为:

$$\hat{\boldsymbol{r}} = \boldsymbol{S}\hat{\boldsymbol{\alpha}} \tag{3-8}$$

因此像元的光谱误差为:

$$\boldsymbol{E} = \boldsymbol{r} - \hat{\boldsymbol{r}} = \boldsymbol{r} - \boldsymbol{S}\hat{\boldsymbol{\alpha}} \tag{3-9}$$

为评价该分解模型,通常用光谱残差 E 均方根误差定量表示:

$$\text{SRMSE} = \sqrt{\frac{1}{m}\sum_{i=1}^{m}e_i^2} \tag{3-10}$$

可以通过几种方法求得单个像元内各个端元组分丰度 x_j。同时还应当受到下面的条件限制:

$$\sum_{j=1}^{n}x_j = 1 \text{ 且 } x \geqslant 0 \tag{3-11}$$

3.2.2 线性模型的适用性

线性分解模型是建立在像元内相同地物都有相同的光谱特征,以及光谱线性可加性基础上的。优点是构模简单,其物理含义明确,理论上有较好的科学性,对于解决像元内的混合现象有一定的效果。但不足的是,当典型地物选取不精确时,会带来较大的误差。对端元(典型像元)的错误选择或大气条件的影响会造成端元的比例出现负值或全部数字为大于1的正值。更有甚者,当监测时间和对象改变时,由于出现大气过度散射造成错误,而发生变化。

线性模型比较简单,但是在实际应用中存在着一些限制。首先,它认为某一像元的光谱反射率仅为各组成成分光谱反射率的简单相加,而事实证明在大多数情况下,各种地物的光谱反射率是通过非线性形式加以组合的。其次,该模型中最关键的一步是获取各种地物的参照光谱值,即纯像元下某种地物光谱值。但在实际应用中各类地物的典型光谱值很难获得,且计算误差较大,应用困难。这是由于大多数遥感影像的像元均为混合像元,在分辨率较低的影像上直接获取端元的光谱不大可能;如果利用野外或实验室光谱进行像元分解,则无法很好地处理辐射纠正问题,不仅处理的实效性难以保障,而且增加了处理难度,如实验室光谱与多光谱波段的对应问题。所以在某些情况下用线性模式获得的分类结果并不理想。当区域内地物类型,特别是主要地物类型超过所用遥感数据的波段时,将导致结果误差偏大。另外,如像元内因地形等因素造成的同物异谱、同谱异物现象存在,则应用效果更差。

理论上的线性光谱混合模型基于如下假设:到达遥感传感器的光子与唯一地物(即一个光谱端元组分)发生作用。这种假设一般发生在端元地物面积比较大的情况下。反之,地物分布范围较小时,光子通过不只一个端元组分进行传输和散射,会产生非线性混合。通过分析特定媒体辐射传递,Hapke(1981)获得几种类型的反照率、卫星参数和实验室应用之间的关系式,提出微小地物非线性混合函数。在此基础上,Johnson 等(1983)、Mustard 和 Pieters(1987)发展了非线性混合模型并且在某些矿物混合物上得到应用。这些学者通过将反射光谱转换成单一散射反照率(SSA)对系统进行线性化,从而解决非线性混合模型问题。

3.3 非线性混合光谱模型

为了克服线性混合模型的不足,许多学者利用非线性光谱模型对野外光谱进行描述。非线性和线性混合是基于同一个概念,即线性混合是非线性混合在多次反射被忽略的情况下的特例。

非线性光谱模型最常用的是把灰度表示为二次多项式与残差之和,表达式如下:

$$DN_b = f(F_i, DN_{i,b}) + \varepsilon_b \quad (3-12)$$

$$\sum_{i=1}^{n} F_i = 1 \quad (3-13)$$

式中:f 为非线性函数,一般可设为二次多项式;

F_i 为第 i 种典型地物在混合像元中所占面积的比例;

b 为波段数。

研究已经表明,利用非线性模型计算出的结果均比用线性模型计算出的结果要好。实际上,线性与非线性模型表达了同一个概念,线性混合模型是非线性混合模型的一个特例(简单的非线性模型),但是它没有考虑多反射情况,由于残存误差的影响,所得到的结果不会很理想。非线性模型最大的缺点就是构建模型较复杂,计算方法不如线性模型简单明了,如何寻找一种简单易行的非线性模型是混合像元分解的一个重要课题。

神经网络模型属于非线性模型的一种,它是近几年研究、应用非常活跃的模式识别方法(Lee等,1990)。人工神经网络具有如下特点:①是由大量简单的基本元件神经元相互连接而成的自适应非线性动态系统;②每个神经元的结构和功能比较简单,而大量神经元组合产生的系统行为却非常复杂;③人工神经网络在构成原理和功能特点上更接近人脑,它不是按给定的程序一步一步地执行运算,而是能够自身适应环境,总结规则,完成某种运算、识别或过程控制;④神经网络用来解决难以用算法来描述但存在大量的范例可供学习的问题,等等。因此,应用人工神经网络进行遥感影像的混合像元分解前景广阔。

混合像元分解技术实际上就是对传统分类的另外一种表现形式,它是将每一种类别的组分比图像分别表示出来。从算法原理上来讲,利用神经网络进行混合像元分解的过程与直接硬分类是类似的,关键的不同点在于,对于网络的输出端的选择不同:如果是直接的硬分类处理,表示将类别的输出端的概率,按照从大到小的顺序进行排列,选择最大的那个类别作为类别的归属;如果是进行混合像元分解,则需要将输出端的概率转化为每一种类别的组分比,并保证组分比的和相加等于1,把得出的每一种类别的组分比信息显示在最后的结果图像上。

在众多的神经网络模型中,一些典型的神经网络模型都具有分类和聚类的功能。如何利用这些神经网络技术建立具有预测准确、计算简单、稳定性高、容错性好,而且易于理解的数学模型是我们需要选择和研究的(表3-1)。

表3-1 典型神经网络模型的应用

ANN模型	非监督/监督	学习规则	传播方式	主要应用
Perceptron	是	误差纠正	正向	线性分类、预测
Adaline	是	误差纠正	反向	分类、噪声抑制
BP	是	误差纠正	反向	分类、预测
ART	否	竞争律	正向	模式识别
FTART	是	吸引域、竞争律	反向	分类、预测
Kohonen	否	竞争律	正向	聚类
LVQ	否	竞争律	正向	聚类、模式识别

3.4 BP神经网络的混合分解模型

BP神经网络以决策面为基础,采用反向传播监督学习算法,是遥感应用中最常用的一种模型,但是标准的BP算法很容易因为自身的限制,使其应用无法达到最优,主要表现在:①存在局部极小问题;②学习算法的收敛速度慢,且收敛速度与初始权的选择有关;③网络的结构设计,即隐层及节点数的选择,尚无明确理论指导;④新加入的样本会影响到已学好的样本。

因此,人们希望对标准算法进行修改。BP 算法的改进方案很多,其中有两种方法是变步长算法和加动量项法。本书提出的改进后的算法是基于两种典型的改进方法的综合,在加动量项的同时,让学习率作自适应调整。

1. 引入动量项

标准 BP 算法实质上是一种简单的最速下降静态寻优算法,在修正网络连接权值 w 时,只是按照当时的梯度反方向进行修正,而没有考虑以前积累的经验,即以前时刻的梯度方向,从而常使学习过程发生振荡,收敛缓慢。在网络权值修正量中考虑当前时刻和前一时刻的梯度,即:

$$\Delta w(t) = \alpha\{(1-\eta)[-\partial E/\partial w(t)] + \eta[-\partial E/\partial w(t-1)]\} \quad (3-14)$$

式中:$w(t)$ 为第 t 次权值修正时网络的某单个连接权值或神经元阈值;

α 为学习率,$\alpha>0$;

η 为动量项因子,$0 \leqslant \eta < 1$。

该方法加入的动量项相当于阻尼项,它减小了学习过程的振荡趋势,改善了收敛性。

2. 变步长法

一阶梯度法寻优收敛速度慢的一个原因是学习率 α 的选择不恰当。α 选得太小,则收敛速度慢;α 选得太大,则有可能修正过头,导致震荡甚至发散。变步长法就是针对这一问题提出的。变步长法的权值修正量计算如下:

$$\Delta w(t) = -\alpha(t)\frac{\partial E}{\partial w(t)} \quad (3-15)$$

$$\alpha(t) = 2^{\lambda}\alpha(t-1) \quad (3-16)$$

$$\lambda = \text{sgn}\left[\frac{\partial E}{\partial w(t)} - \frac{\partial E}{\partial w(t-1)}\right] \quad (3-17)$$

上述算法说明,当连续两次迭代梯度方向相同时,表明下降太慢,因而步长需要加倍;当连续两次迭代梯度方向相反时,表明下降过头,因而步长减半。当需要引入动量项时,上式可以修改为:

$$\Delta w(t) = \alpha(t)\{(1-\eta)[-\partial E/\partial w(t)] + \eta[-\partial E/\partial w(t-1)]\} \quad (3-18)$$

在使用该算法时,由于步长在迭代过程中自适应进行调整,因此对于不同的连接权值实际上采用了不同的学习率。也就是说,误差代价函数 E 在超曲面上在不同方向按照各自比较合理的步长向极小点逼近。

3.4.1 BP 神经网络分类实验

本实验数据选取分辨率为 30m 的 TM 影像。该影像区域为湖北省武汉市,像素大小为 400×400,获取时间为 1998 年 10 月 26 日。首先对遥感影像进行集合纠正等预处理,通过对实际区域情况的了解和对图像进行目视解译,该区域大致简单分为 4 类,通过人工判读,在影像中选择 4 个区域作为这 4 种地物类别(图 3-1)。

表 3-2 和图 3-2 分别为这 4 种地物各波段的 DN 值和光谱曲线。由于利用 BP 神经网络进行混合像元分解的模型结构、实验步骤与直接分类的过程是大致相似的,因此,我们选择将改进后的 BP 神经网络模型进行分类实验,然后对模型的输出端进行修改,以符合混合像元分解的需要,分析进行混合像元分解的过程和步骤。

(a) 原始武汉TM影像　　　　　　　　　(b)样区的选择

颜色说明　 长江　 居民地　 植被　 湖泊

图 3-1　原始影像预处理

表 3-2　4 种地物各波段 DN 值

	B1	B2	B3	B4	B5	B6
长江	82.43	41.51	54.79	29.18	13.12	4.81
湖泊	68.13	30.47	29.55	13.76	11.53	5.48
植被	70.81	34.25	32.67	86.49	61.30	20.17
居民区	91.32	48.60	61.42	53.72	85.63	50.94

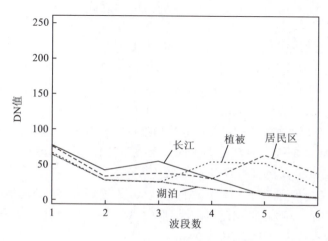

图 3-2　4 种地物波段光谱曲线图

BP 神经网络模型的输入层的神经元个数为波段数,即输入层神经元的个数为 6,输入值为各个像元的灰度值。输出层的神经元个数为地物端元的个数,输出值为像元在各个典型地物所属的类别。隐含层神经元的个数经过多次的实验确定,同时也可以采用经验公式计算,本书采用的隐含层节点数计算公式如下:

$$\frac{MN + M/2(N^2 + N) - 1}{(M + N)} \tag{3-19}$$

式中:M 为分类数;

N 为特征向量维数,即影像波段数。

对权值赋予 0~1 之间的随机值,然后从网络的输入节点输入样本数据,计算样本信息在正向传播过程中,前一层的神经元数据对本层每个神经元的加权,并利用 Sigmoid 函数运算输出。接着求出误差进行反向的迭代,调整权值,权值训练完成后,求出满足一定误差条件的权矩阵,就可以用训练后的权值的 BP 神经网络分类。通过实验发现,步长为 0.12,惯性系数为 0.8 时,迭代速度比较快。将数字影像上的任何一个像素的 6 个波段值作为输入向量,通过计算可得到输出向量,向量分量即对应于该像素在各个预先指定的各个分类类型的概率值,将最大的概率值赋值为 1,其余的赋值为 0,得出分类图 3-3。

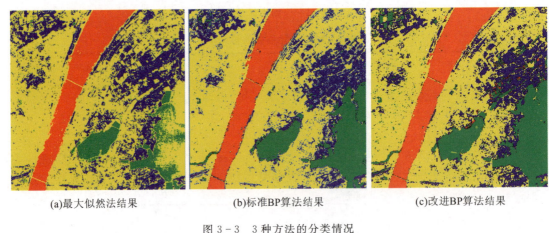

(a)最大似然法结果　　　　(b)标准BP算法结果　　　　(c)改进BP算法结果

图 3-3　3 种方法的分类情况

从图 3-3 中可以看出,3 种分类方法有大致类似的分类结果。标准 BP 分类结果和改进后的 BP 分类结果都要比传统 MLC 的分类结果好,能够很好地区分长江和湖泊,而 MLC 很难将两种水体分开。对于混合情况复杂的区域,改进后的 BP 算法能够比较好地提取细节信息,比如植被与居民区、湖泊与长江、长江与居民区之间的混合现象,错分现象比较少。

然后采用地面真实数据与分类图进行分类精度的定量比较,比较方法采用常用的分类比较指标,即混淆矩阵(表 3-3)、总精度和 Kappa 系数(表 3-4)。定义:长江为 River;湖泊为 Lake;植被为 Vegetation;居民区为 Urban;总数为 Sum。

对分类方法按总精度和 Kappa 系数进行了比较,改进后的 BP 分类器对于各种地物分类的正确率要高于常用的分类方法 MLC 以及标准的 BP 分类器,总体精度分别提高了 5.8% 和 1.99%,Kappa 系数提高了 0.1439 和 0.0646。

表 3-3 3 种不同分类算法的混淆矩阵比较

	最大似然法分类				标准 BP 分类				改进 BP 分类			
	R	L	V	U	R	L	V	U	R	L	V	U
R	426	15	9	0	451	9	3	0	451	5	2	0
L	25	228	45	90	0	251	47	40	0	268	33	34
V	0	56	311	23	0	43	373	28	0	46	390	13
U	0	61	70	346	0	57	12	391	0	61	10	412
Sum	451	360	435	459	451	360	435	459	451	360	435	459

表 3-4 3 种分类方法的总精度和 Kappa 系数的比较

	MLC	标准 BP	改进后 BP
总体精度(%)	77.32	81.13	83.12
Kappa 系数	0.6547	0.734	0.7986

3.4.2 BP 神经网络混合分解实验

1. 模拟混合分解

分类实验证明了改进后的 BP 神经网络算法对遥感影像的分类识别具有很好的效果,将其利用到混合像元分解中来,首先对以上分类模型进行改进,改进的主要部分在输出节点层。假设输出层有 M 个节点,那么得到每一个输出节点对于类别归属概率为 P,其中最大的概率值 P_k 所对应的类型即为该像素的类型。一般的分类方法即将其值定义为 1,其余的定义为 0,得到的结果是一个二元矢量,即:

$$O = (0,\cdots,o_{k-1},1,o_{k+1},\cdots,0) \quad (3-20)$$

在混合像元分解模型中,将输出层定义为类别的组分比,求出每一个节点概率所对应的百分比含量,对节点输出值 $o_1 \sim o_M$,输出值为:

$$o_k = \frac{p_k}{\sum_{l=1}^{M} p_l} \quad (3-21)$$

即为对应某一类别的组分比含量。图 3-4 是对改进模型的示意图。

首先,对模拟数据进行分析,以表 3-2 中的平均 DN 值作为端元光谱,利用计算机来生成模拟混合光谱数据。模拟数据生成过程是:已知端元光谱为 s_i,$i=1,2,3,4$。产生一组 $[0,1]$ 内随机数 $\tau = [\tau_1, \tau_2, \tau_3, \tau_4]^T$,并且使得:

$$\tau_1 + \tau_2 + \tau_3 + \tau_4 = 1 \quad (3-22)$$

则混合光谱为:

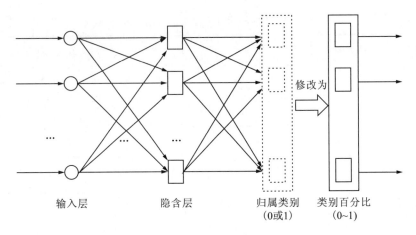

图 3-4　BP 混合像元分解模型示意图

$$\boldsymbol{\rho} = s_1 \cdot \tau_1 + s_2 \cdot \tau_2 + s_3 \cdot \tau_3 + s_4 \cdot \tau_4 \tag{3-23}$$

再在 $\boldsymbol{\rho}$ 上加一个附加噪声 N,生成最终的混合光谱 $\tilde{\boldsymbol{\rho}}$:

$$\tilde{\boldsymbol{\rho}} = \boldsymbol{\rho}\left[1 + \frac{N(0,1)}{\mathrm{SNR}}\right] \tag{3-24}$$

式中:SNR 为信噪比;

　　$N(0,1)$ 表示均值为 0、方差为 1 的正态随机矢量。

假设信噪比为 SNR=15∶1,使用上述方法模拟混合光谱,一共生成了 2000 个混合光谱。

首先采用最小二乘算法来分解混合光谱,作为线性混合像元分解的结果;然后,随机地选取 200 个像素对网络进行训练,对应的输入分别是该像素的每个波段值和随机产生的百分比。当训练完毕后,再把整个混合区域影像所有像元放进网络中进行测试,得到每一个点的 4 种物质所占的百分比。

利用误差散点图来评价模拟图像的分解结果。图 3-5 分别为利用最小二乘分解方法和改进 BP 神经网络的方法对混合区域中的每一个像素进行分解后,得到的 4 种不同类别物质分布点的情况。这里,横坐标表示某一种类别的真实百分比,纵坐标表示经过网络计算后得到的预测结果百分比。图 3-5 表明共有 4 个地物,良好的估计应当是散点位于 $y=x$ 的直线上,但由于估计误差和一些其他因素的影响,合理的估计值与真实值应该在 $y=x$ 的直线左右波动。图 3-5 中上下两条平行直线是给定的 10% 容忍分解误差边界,它的含义是:落在两条平行线之间的点数越多,则分解的效果越好。

从图 3-5 的 8 幅图像中可以看到,所分解出来的点基本上都在两条 45°角的直线上下,这表示预测结果的误差在 10% 左右,神经网络的混合像元的分解精度比线性混合的分解误差低很多,散点更加集中在对角线附近,说明利用 BP 神经网络是完全可以很好地估计混合像元百分比的。最后采用均方根误差公式,定量比较这两组数据的分解结果,即:

$$\mathrm{RMSE} = \sqrt{\frac{\sum_{i=1}^{n}(y_i - x_i)^2}{n}} \tag{3-25}$$

式中:n 为所有测试的像元个数;

第三章 混合像元分解模型

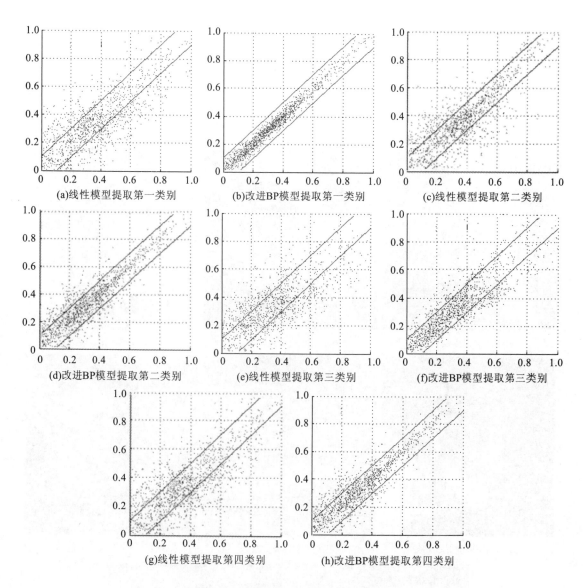

图 3-5 两种方法误差散点图的比较

y_i 为第 i 个点预测类别的百分比；

x_i 为真实类别所占百分比。

表 3-5 为 4 种类别 RMSE 的结果。

2. 真实影像分解

模拟数据实验结果,证明了利用改进的 BP 神经网络模型对假定的混合像元组分提取更加精确,而且对噪声的影响程度比较低,因此,能够将该网络模型运用到真实影像中来,保持网络结构不变。对武汉地区 TM 进行混合像元分解,得到的结果如图 3-6 所示。

表 3-5 4 种类别提取 RMSE 比较

	第一类别	第二类别	第三类别	第四类别
线性模型	0.2288	0.2467	0.3258	0.2785
改进 BP 网络	0.1460	0.0950	0.1198	0.1253

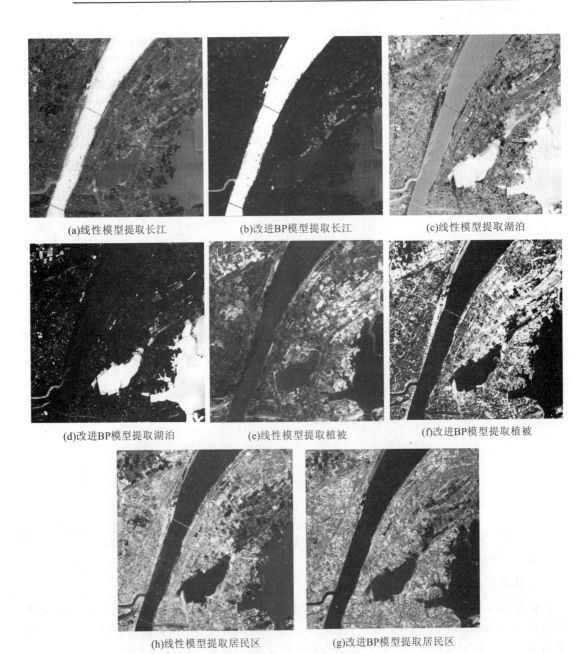

图 3-6 两种方法分解结果的比较

图 3-6 中亮度大的地方代表所包含的组分比信息越多,反之,证明包含的组分比信息少。从目视比较中发现利用两种方法得出的结果差别是非常明显的:从线性模型的分类图中可以看出,线性模型分类图上细小的斑点比较多,同时比较纯净的区域当中纯净端元的亮度不是很亮,这说明线性模型的存在不能很好地分解纯像元,而且线性模型对噪声敏感,不能满足混合像元分解的实际精度需要;利用 BP 神经网络提取出来的组分比信息,从图中可以很轻易地将其与其他类别区分出来,特别是比较纯净的地方尤其明显,例如长江与植被、居民区等其他类别之间的混合区域。事实上,神经网络的分类对噪声不是很敏感,这是由于它对样本自身的拟合效果好,因此得出纯净像元的分类效果更好。但是,神经网络存在着过拟合的现象,对于某些区域的分解结果,不如近似线性假设下神经网络的分解效果好,这也是由于神经网络的本身处理非线性特性所决定的。当端元面积百分比求出后,可以利用均方根误差来估计 x 的准确程度,即:

$$\text{RMSE} = \sqrt{\frac{1}{m}\sum_{j=1}^{m}\left(r_j - \sum_{k=1}^{n}a_{jk}x_k\right)^2} \quad (3-26)$$

在整幅影像上取 RMSE 对 3 种方法做定量比较(表 3-6),结果表明:BP 神经网络方法比传统线性方法的分解得出的结果要好,获得的 4 种端元类别的均方误差都是最小的,有效地证明了方法的适用性。

表 3-6 误差比较

	长江	居民区	植被	湖泊
线性模型	0.093	0.358	0.436	0.112
改进 BP 网络	0.047	0.232	0.140	0.095

以上实验中,首先通过对 BP 网络的分类算法进行分析,得出改进算法能够在分类处理中改善精度的结论;然后利用此网络对输出层进行修改,运用于混合像元分解中,证明了改进后的 BP 神经网络算法对遥感影像的分解同样具有很好的效果。由于实际地物的复杂性和多样性,传统的线性混合分解方法获得的精度常常不能满足实际要求。而利用改进后的 BP 网络具有自适应,以及非线性特性,能够正确地模拟真实、复杂的地物关系,具有很强的自学习能力,并且具有很强的鲁棒性。虽然神经网络还有其自身的缺点,比如进入局部极小等,但在实际中很少会陷入局部最小,可以认为神经网络在遥感影像的混合像元处理方面具有很好的应用前景。因此利用对分类进行改进的 BP 网络进行混合像元分解是可行的。

3.5 Fuzzy ARTMAP 神经网络的混合分解模型

Fuzzy ARTMAP 模型本身具有高度映射和自组织的能力,并且兼顾了可塑性和稳定性的特点,因此,对于包含复杂地学属性的遥感影像分类或信息提取问题的应用研究(Carpenter,1997;Gopaland Fischer,1997),ARTMAP 方法更能发挥其优势。利用该模型来对遥感影像进行混合像元分解,处理一些高度复杂、不规则的映射关系,无疑是一个非常实用的方法。现给出基本的算法步骤(Carpenter 等,1999)如下。

(1)网络初始化:对应于分解的样本影像,在两个模块 ART_a 和 ART_b 的输入层中,分别输入波段数和纯净地物类型个数。

(2)输入样本对,开始训练:对于两个 ART 模块均采用相似的训练方式,判定函数为 $T_j(x) = \dfrac{|x \wedge w_j|}{\alpha + |w_j|}$(此处 $\alpha > 0$ 为选择参数,是自己定义,w_j 为对应的权值向量,x 为输入的向量),利用此函数选择竞争获胜的节点,从而对应获胜节点的层被激发,完成一次的训练。

(3)获胜并发生谐振的节点所对应的权值矢量学习更新:在满足警戒阈值 ρ_a 的条件下,达到期望的精度。

(4)测试:通过输入到 ART_a 的向量,即每个波段的值,利用映射函数在 ART_b 中得到输出,输出的 4 个不同分量的值,相加的和等于 1,代表混合像元中不同成分的组分比。在此模型的基础上,下面利用实际遥感影像来进行研究,与传统的方法在精度、误差分布等方面进行比较。

在过去的 10 年中,有许多研究者通过不同传感器所获取的多源数据来对某一个地区的土地覆盖类型进行研究(Liu,2001a)。以下实验利用一种基于多传感器/多分辨率(Multisensor/Resolution)的框架,确定土地覆盖类型,估计在低分辨率影像中每一个像素所包含的地物种类的百分比。图 3-7 是一幅低分辨率的卫星影像对应着一幅较高分辨率的卫星影像,它包含有不同的地物种类(比如 50%水体、25%植被、25%裸地)的混合像元信息,可以通过 4 个步骤来获取数据源。

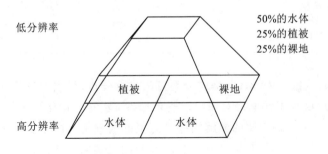

图 3-7 对比两种分辨率的土地覆盖类型特征

第一步,把高分辨率的影像和低分辨率的影像利用地面控制点地理坐标和相应的数据,进行影像的严格配准。

第二步,把高分辨率影像利用常规的分类方法来进行分类,将分类图与低分辨率影像结合起来,并求出每一个像元所对应的在高分辨率影像范围内的各种地物的百分比。

第三步,随机地在低分辨率影像上面选取训练点,然后以它的光谱值作为训练的输入,以估计对应的像元组分比作为训练输出。通过一系列的点来训练 Fuzzy ARTMAP 神经网络模型。

第四步,用训练好的网络去求解低分辨率影像中每一个像元的类别分布情况。

3.5.1 数据源

研究的地区是湖北省长江三峡地区影像(图 3-8)。数据是 2002 年 4 月 2 日上午 10 时左右 Landsat ETM 影像(path125 and row39)和同一天 11 时的 MODIS 影像(35.3°)。MODIS 影像大小为 491×441,分辨率为 485.5m,ETM 影像大小为 7371×650,分辨率为 28.5m。ETM 影像有 4 类地物:水体、裸地、松类、常落叶。这些地物与 MODIS 影像地物类别结合起来,最终分为 3 类:水体、裸地、植被。在 MODIS 影像中选取 320×320 个像素进行训练和测试。ETM 影像数据的分辨率相对 MODIS 非常高。因此,假设 ETM 影像相对 MODIS 分辨影像的精度不存在混合像元,则 ETM 的地物硬分类的结果可以折算为低分辨影像中该对应地物的组分比。

(a)原始MODIS影像

(b)原始ETM影像

图 3-8 两幅原始影像

3.5.2 步骤及结果分析

首先,进行严格的几何配准,由于 MODIS 与 ETM 影像的空间分辨率相差大约 17 倍,为了能够使得配准比较精确,先把低分辨 ETM 影像采样放大 17 倍,这使得两影像的像元面积大小一致。然后,在两影像中选择道路、桥梁、河流交叉处等特征点作为影像相对控制点,并保证这些控制点的分布大致均匀。以 ETM 为基影像,用最邻近重采样法把影像 MODIS 配准到 ETM,再用平均滤波的方法把 MODIS 采样为 320×320 大小的影像,这样就保证了 ETM+ 与 MODIS 影像地面分辨率正好相差 17 倍,且各点配准误差均较小,总体 RMS 为 0.17 个像素(表 3-7)。

表 3-7　ETM 与 MODIS 相对配准（Total RMS Error＝0.1761）

GCP	Base X	Base Y	Wrap X	Wrap Y	Predict X	Predict Y	RMS
#1	1519.00	218.00	1528.75	234.75	1528.81	234.65	0.31
#2	1742.00	1298.00	1744.50	1293.75	1744.55	1293.68	0.18
#3	1484.00	741.00	1477.75	737.25	1477.70	737.22	0.25
#4	1945.00	735.00	1950.25	732.00	1950.27	732.01	0.20
#5	1632.00	523.00	1627.25	520.00	1627.23	520.06	0.16
#6	2176.00	1110.00	2180.25	1108.00	2180.31	1108.08	0.15
#7	2354.00	728.00	2369.75	725.75	2369.81	725.67	0.17
#8	2104.00	1325.00	2104.75	1323.00	2104.79	1323.00	0.27
#9	2502.00	1404.00	2498.00	1405.00	2497.96	1404.96	0.34
#10	2287.00	525.00	2306.00	522.00	2305.93	522.00	0.23

对云层进行掩膜处理后，首先利用 MLC 分类法把 ETM 影像分成 3 种不同的地物类别：水体、植被、裸地。这样保证 ETM＋分类精度相对较高，分类结果如图 3-9 所示。经统计 ETM 影像的总体分类精度达到 91.61％，Kappa 系数为 0.8236，其中水体、植被、裸地分类精度分别为 90.91％、87.23％和 85.81％。这表明利用 ETM 来获取低分辨 MODIS 数据的组分值，并作为"真实组分"来评价分解组分的结果是准确的。然后用一个 17×17 的滑动窗口扫描 ETM 分类影像，统计窗口内每类地物所占百分比作为相应地物的真实组分值，即为 MODIS 影像中对应的每一个像素中 3 种地物所占的百分比。

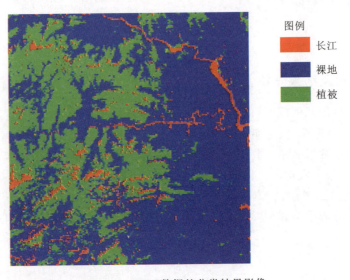

图 3-9　ETM 数据的分类结果影像

令 Fuzzy ARTMAP 模型的选择参数 $\alpha=10^{-6}$，ART_a 的初始阈值 $\overline{\rho_a}=0$，ART_b 警戒参数 $\rho_b=0.95$，匹配参数 $\varepsilon=0.01$。在 MODIS 影像上随机选择的 200 个像元，选取 7 个波段的光谱值和所对应的 3 种类别百分比输入 Fuzzy ARTMAP 神经网络 ART_b 模块中进行训练，调整权值，对整幅影像进行处理，获取 3 幅不同地物种类的组分图像（图 3-10）。

(a)线性分解提取的水体　　(b)线性分解提取的植被　　(c)线性分解提取的裸地

(d)神经网络提取的水体　　(e)神经网络提取的植被　　(f)神经网络提取的裸地

图 3-10　神经网络与线性分解结果比较

通过对分解的组分图像与原始图像做比较分析后发现，这两种方法提取出来的纯净地物都是符合要求的。相对而言，两种算法中对水体所提取的差别最小，主要差异存在于植被和裸地之间：线性光谱分解方法对于这两种地物的提取出现了比较大的误判，而且对植被、裸地的区分多少存在着一定的模糊性。而神经网络算法分解出来的 3 种地物亮度对比鲜明，而且受到噪声的影响比较少。比如：在获取 MODIS 第四波段影像的过程中，由于受到条幅拼接的影响，出现了很明显的噪声，表现在图 3-10(a)的水体影像上是许多条的斜线，而这种现象在图 3-10(d)中几乎看不见。

从定量结果上再来分析两种方法的结果。图 3-11 表示利用这两种方法在不同的误差允许范围内，对图像中每个像元的分解结果比较。随着误差容许范围值的增大，预测得到的值精度增高。比较这两幅图像可以看出，两种方法在最大的误差容许值范围 80% 内，预测结果均达到了 100%，神经网络无论对哪一种地物，上升的曲线都要比线性模型逼近得快。这说明在相同的误差允许值内，它获得的精度较高，预测的效果是较好的。对于 3 种纯净地物的提取，对水体的判别是最精确的，逼近得也最快。例如，神经网络算法在 30% 的误差容许值内，对水体的预测达到了 80% 以上，而线性混合模型预测类别数只有 60% 左右。另外，传统的神经网络虽然能够得到较好的预测结果,但是网络参数限制比较多,学习过程繁琐,收敛的时间长,而Fuzzy ARTMAP神经网络参数限制较少,速度快,收敛时间短。

表3-8是这两种方法对3种地物分解的均方值误差以及训练时间的比较,可以看出fuzzy ARTMAP在提高分解精度的同时,训练花费的时间也大大减少。

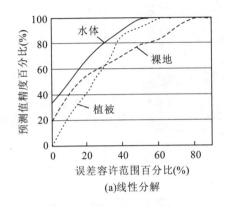 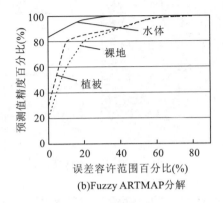

图3-11 两种方法在误差允许范围内预测值的比较

表3-8 误差值比较

分解方法	数据类型	植被	水体	裸地	训练时间(s)
线性混合模型	Modis	0.352	0.121	0.280	8.4
ARTMAP 模型	Modis	0.127	0.032	0.164	32.6

3.5.3 参数设置

ARTMAP神经网络模型有一个主要参数:ART_b中的警戒值ρ_b。这个参数决定网络映射能力,它的取值与ART_a中F_2^a层的受限制点个数C_a成正比的关系:C_a越大代表测试时映射能力越强,能够反映的特征越多(图3-12)。在这个模型中,通过选取不同的参数值会对结果误差产生不同的影响,当这个参数值取得越小时,速度越快,系统中ART_b模块只能获取有限的光谱和类别百分比信息;当参数值取得比较大时,能够得到更好的输出结果,提高预测的精确度,同时这样也会增加系统的复杂程度和记忆数量。需要通过实验,取得一个比较适合的ρ_b值。在这里,选取$\rho_b=0.95$最合适(表3-9)。

通过以上的实验和理论分析表明,利用Fuzzy ARTMAP神经网络进行混合像元的分解,能够取得很好的实验结果,该神经网络算法具有如下两个优点。

(1)网络结构比较简单,计算量小。网络中的神经元是采用竞争、反馈、调整的学习机制,因此在训练过程中只需要少量的样本,不需要迭代很多次,就可以获得比较高的精度,这大大节省了运算时间,特别是在处理高数据量的遥感影像时,优势明显。

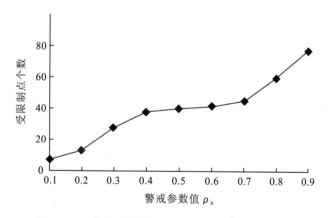

图 3-12 警戒参数与受限制点个数的关系曲线图

表 3-9 不同的警戒值 ρ_b 对应的误差值

警戒值	水体	植被	裸地
0.98	0.029	0.137	0.158
0.96	0.031	0.136	0.145
0.95	0.028	0.132	0.143
0.80	0.035	0.139	0.161
0.60	0.042	0.145	0.169
0.50	0.041	0.148	0.167
0.30	0.042	0.143	0.169

(2)适应性强。ARTMAP 采用自组织反馈学习算法,兼顾了可塑性和稳定性,因此对噪声的影响不敏感,对于遥感影像的混合像元分解,可以发挥其高度映射和自适应的特点,该算法与传统的线性混合像元分解的方法相比较,更加有效。

以上在分析了 Fuzzy ARTMAP 神经网络原理的基础上,结合多传感器/多分辨率框架对土地覆盖的描述方法,提出将该神经网络应用于遥感影像的混合像元的分解上来,结果证明利用 Fuzzy ARTMAP 神经网络做混合像元分解比传统的方法具有更大的优越性,在通过人为地选取适当的警戒参数后,能够获得比较高的精度,是一种较好的遥感影像混合像元分解方法。

第四章 端元选择的影响

端元是一组特定的光谱向量，代表某种具有相对固定光谱的特征地物，通常是指某种"纯"的地物类型，如土壤、水体、植被等。端元光谱是像元混合模型中最重要的参数，确定端元光谱是混合像元分解的第一步，获取地物在遥感图像像元中的面积比率信息以此为基础。混合像元分解模型一旦选定，直接影响分类精度的因素就是混合像元端元组分的选取。选择合适、正确的端元需要对地物目标的物性参数有更深的了解和对成像机理的理解。理想的、普遍适用的"纯"像元很难获得，而且端元数量不够或者有额外的端元都将产生误差。因此，端元组分选择的正确与否在很大程度上决定像元分解的精度，端元组分光谱的确定是混合像元分解算法研究的重点之一。

4.1 混合像元分解的误差分析

混合像元的分解总是针对特定的区域、特定的应用目标以及特定的遥感图像进行的。由于遥感成像数据受环境变化、大气状况、仪器性能、太阳照射、地面地物零散复杂交错和各种噪声等因素的影响，使得遥感数据具有高度的复杂性和不确定性，造成同一地物之间的灰度值范围很宽，使得同类地物在整幅影像中有一定程度的变化。应用混合光谱模型分解时，选择哪些类型的、多少数量的端元，以及取什么样的端元光谱值是决定混合像元分解成败的关键。然而在应用混合光谱模型分析实际问题时，由于研究区域的复杂性，很有可能造成不论是手工选取端元光谱，还是非监督自动选取端元光谱，都存在漏选、多选端元光谱的情况。为了提高混合像元分解的精度，需要考虑下面两点：

(1)选择适当的端元矢量，使得不同端元光谱矢量间的差别最大。
(2)选择适当的特征，使得同类端元内部光谱矢量的差别减小。

对给定的一幅遥感影像，同类端元内部光谱矢量的变化是客观的，为了减少端元内部变化，一个有效的办法是采取某种形式的数学变换来达到这个目的，而选择什么样的端元光谱是可调的。因此，为提高分解精度，优选端元光谱是一个非常关键的问题，这也是目前混合光谱分解的研究热点问题之一(Bowles 等,1995;Neville 等,1999;Plaza 等,2004)。

4.2 端元变化对混合像元分解的影响

本节利用模拟数据来定量分析由于端元内部变化而对混合像元分解误差的影响。运用模拟数据进行数值分析的优点是完全知道端元组分的大小,因此端元组分的估计值与真实值之间的差距完全是由模型或者算法本身的影响造成的。

图 4-1 是从一幅推扫式机载成像光谱(Pushbroom Hyperspectral Imager,PHI)影像中选取的 4 种端元光谱,每种端元选择了 15 条光谱曲线。图 4-1 给出了这 15 条光谱曲线协方差的迹 σ^2,其定义为对于矢量 $v_i, i=1,2,\cdots,15$。

$$\sigma^2 = \frac{1}{15} Tr\{[v_i - E(v_i)][v_i - E(v_i)]^T\} \tag{4-1}$$

因此,σ^2 内在地描述了端元内部变化幅度的大小。

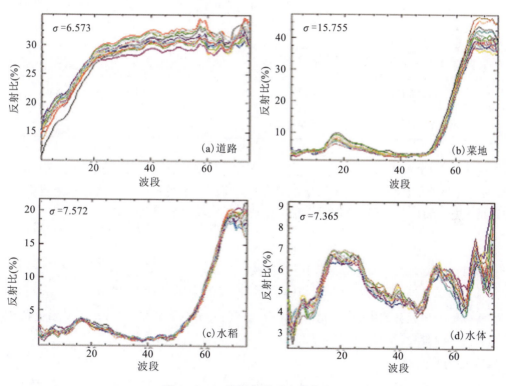

图 4-1 80 波段的端元光谱曲线图

用计算机生成两组模拟数据。这两组数据的差别在于第一组采用平均值作为端元光谱,因而不存在端元内部的变化,但在模拟数据中附加了随机噪声;第二组模拟数据保留了端元内部的变化,但没有附加随机噪声,因此,由这组数据反演出的结果能够表明噪声和端元内部变化对混合光谱分解精度的影响。模拟数据生成过程是:第一组采用平均值作为端元光谱 s_i,$i=1,2,3,4$。一个模拟的混合像元生成过程是:产生一组[0,1]内随机数 $\tau=[\tau_1,\tau_2,\tau_3,\tau_4]^T$,并且使得:

$$\tau_1 + \tau_2 + \tau_3 + \tau_4 = 1 \tag{4-2}$$

则混合光谱为:

$$\boldsymbol{\rho} = \boldsymbol{s}_1 \cdot \tau_1 + \boldsymbol{s}_2 \cdot \tau_2 + \boldsymbol{s}_3 \cdot \tau_3 + \boldsymbol{s}_4 \cdot \tau_4 \tag{4-3}$$

再在 $\boldsymbol{\rho}$ 上加一个附加噪声 $\boldsymbol{N}$,生成最终的混合光谱 $\tilde{\boldsymbol{\rho}}$:

$$\tilde{\boldsymbol{\rho}} = \boldsymbol{\rho}\left(1 + \frac{N(0,1)}{\text{SNR}}\right) \tag{4-4}$$

式中:SNR 为信噪比;

$N(0,1)$ 表示 0 均值、方差为 1 的正态随机矢量。

第二组模拟数据生成的过程是:产生 4 个 $[1,15]$ 内随机数整数 n_1, n_2, n_3, n_4,从各类中选择相应的矢量 $v_1^{n_1}, v_2^{n_2}, v_3^{n_3}, v_4^{n_4}$ 作为端元光谱 s_1, s_2, s_3, s_4。其余步骤与第一组模拟数据生成的过程相同。但是该组数据没有附加随机噪声 $\boldsymbol{N}$。假设信噪比为 SNR=15:1,使用上述的方法模拟两组混合光谱,每组对应的数据使用相同混合比 τ,一共生成了 2100 个混合光谱。并用最小二乘算法来分别估计分解结果,最后采用均方根误差定量比较这两组数据的分解结果。

表 4-1 两组模拟数据的分解误差

模拟数据	道路	水体	水稻	菜地
第 1 组(RMSE)	0.0163	0.0690	0.1283	0.0828
第 2 组(RMSE)	0.0371	0.1017	0.2052	0.1950

从表 4-1 可以得出:端元内部的变化对混合像元分解精度的影响要远大于噪声的影响,因此,端元内部变化是制约混合像元分解精度的主要因素。传统的混合光谱模型没有考虑端元内部的变化,造成了在同物异谱混合现象比较多的区域分解精度降低。

4.3 端元光谱选择的方法

在实际混合像元分解中,端元光谱通常分为实测光谱与影像端元光谱,从端元获取方式上则有监督与非监督、自动与手工选取之分。

1. 实测端元光谱

实测端元光谱是直接由实地测量或从光谱数据库获得,这样获取的端元光谱能够精确测量,具有很好的实际地物意义。但实测光谱与影像光谱的成像方式、环境与时间等方面都存在很大的差异,需要进行光谱定标,而定标本身就是一个很困难的问题,这造成实地测量或光谱数据库中的同一地物的光谱值与影像的光谱值并不一致,所以这种方式选取端元光谱进行混合像元分解存在一定的局限性(吴波等,2004)。另外,实测光谱是一个十分费力的工作,也限制了该方法的广泛应用。

2. 影像端元光谱

从遥感数据本身获得端元光谱是混合像元分析的主要研究方向。由于同一影像的成像条件、大气吸收等条件完全相同,端元光谱不需要转换或定标处理。不论是利用影像的反射值、辐射值或 DN 值计算都不影响分解的结果。影像端元光谱选取有手工选取和自动选取两种方式。手工选取是用监督分类的训练区采样,以样点的均值作为各波段的取值;或用主成分分析方法,绘制主成分波段的散点图,再通过不同覆盖类型端元在主成分特征空间中的分布,利用人机交互的方法,确定样本区域采样点的均值作为各波段的取值。

3. 自动选取端元

自动选取端元是以手工的方式从影像中确定出端元光谱,缺点是不利于遥感数据的快速处理,也难以正确地得出所有的端元光谱。因此,以非监督的方式从遥感数据本身自动获取端元光谱是目前混合像元分解的主要研究方向。端元提取的方式分为两类:第一类端元提取方法是依据几何学模型,其基本思想是,当组分丰度满足非负性和唯一性两个约束时,高光谱影像的全部数据点都位于一个单形体中,其顶点由各个端元构成,而混合像元是由各个端元的线性凸组合而成(Winter,1999;Neville 等,1999;Chang 等,2006;Nascimento 和 Dias,2005;Bioucas,2009)。第二类,以统计学模型为基础的提取端元的方法。当高光谱遥感影像数据混合程度高时,上述基于几何学的方法求解效果就很不理想,所以近年来很多学者将信号学中的理论引入到处理混合像元问题中。在统计学中混合像元的解决算法可被看成是一种盲分解问题(Blind Source Separation,BSS)(Yang 等,2011),可以将混合像元、端元矩阵、丰度矩阵分别对应于 BSS 问题中的观测矩阵、混合矩阵和源信号。该类方法统称为光谱盲分解,它能够对端元矩阵和丰度矩阵同时求解。

4.4 基于交叉光谱匹配的端元选择法

在混合像元中,基本的组成单位是端元。相应地,在影像瞬时视场对应的地面区域内,每个成像单位是由多种地物构成。传统的混合分解模型在分解中对每个像元采用统一的标准,这个缺陷可能是导致传统混合分解精度和稳定性不高的重要原因之一(吴柯等,2007;Wu 等,2016)。实际上通常只有在多种地物交界处的像元才包含多数或全部的端元种类,而影像上大多数像元则只包含极少的端元类别(Chang 和 Du,2004)。研究表明:端元光谱值的微小变动可能造成传统混合模型组分比提取的很大偏差,一些人提出多端元混合光谱分析(Multiple Endmember Spectral Mixture Analysis,MESMA)的算法(Roberts 等,1998;Maselli,1998;Tompkins 等,1997),其核心思想是:通过从备选端元集合中选取合适的端元子集,最终提高光谱分解精度,即得到更加准确的组分信息。因此,本章提出采取端元可变的方式去排除像元内不含有的那些端元的干扰,修改建立的权矩阵,提高目标和背景的可分度,并不以找到准确的组分信息为目的。

交叉相关光谱匹配已经在多端元混合光谱分析、端元光谱选择等方面显示出很好的效果(Dennison 和 Roberts,2003)。具体的算法是通过计算像元光谱和参考光谱(端元)之间的响应值,来判断两光谱之间的相似程度。其中,响应系数等于两光谱之间的协方差除以它们各自方差的积:

$$r = \frac{\sum (R_r - \overline{R_r})(R_t - \overline{R_t})}{\sqrt{[\sum (R_r - \overline{R_r})^2][\sum (R_t - \overline{R_t})^2]}} \qquad (4-5)$$

式中：R_r、R_t 分别为参考光谱和像元光谱。

像元光谱和参考光谱（端元）之间的响应值，相当于是前者对后者的投影，由公式(4-5)计算所有像元的光谱在参考光谱上的投影值，通过比较得到最大投影值 r_{max} 和相应的端元光谱矢量 A_{max}，那么 A_{max} 作为与该像元相似性最高的端元光谱，可为该像元的首选端元。如果把 r_{max} 看作是端元 A_{max} 对混合像元 ρ 的贡献，那么剩余端元对 ρ 的贡献可表示为：

$$\rho_r = \rho - r_{max} A_{max} \quad (4-6)$$

将公式(4-5)中的 R_r 用 ρ_r 来代替，继续比较像元中的剩余端元，找出最大的投影值以及端元光谱矢量，依次对式(4-5)、式(4-6)进行迭代。这个过程实际上是将端元对像元响应的贡献率进行排序，找出像元中包含的不同的端元成分，迭代满足一定条件中止，即：ρ_r 的某分量是负值；或者是 $\Delta\rho$ 变化很小。

$$\Delta\rho = \rho_r^{(k+1)} - \rho_r^{(k)} \quad (4-7)$$

式中：$\rho_r^{(k+1)}$、$\rho_r^{(k)}$ 分别为第 $k+1$、k 次迭代后的像元反应值。

实验表明，某些混合像元即使只经过一次迭代，ρ_r 就满足中止条件。这是由于选取的端元光谱矢量之间是非正交的。因此，将式(4-6)调整为式(4-8)：

$$\rho_r = \rho - \eta r_{max} A_{max} \quad (4-8)$$

这里的 η 作为一个调整系数，取值为(0,1)。它在一定程度上影响着端元个数 N，当 η 取得过大，像元只经过少数迭代就满足中止条件，这显然不符合要求；当 η 取得过小，端元个数保持不变，光谱响应值的计算无意义。

4.5 基于端元选择的混合像元分解实验

4.5.1 端元可变的线性混合分解实验

影像中混合像元数目的多少在很大程度上是由遥感影像空间分辨率和地表覆盖类型的空间分布决定的，因此混合像元在高光谱遥感影像中更普遍地存在。由于高光谱能够得到上百通道且连续波段的图像，可以从影像的每一个像元中得到一条连续而完整的光谱曲线，能够提供足够的光谱分辨精度以区分那些具有诊断性光谱特性的地表物质，因而特别适合从光谱的角度对遥感信息进行研究和定量分析，也非常有利于混合像元的光谱分解。因此，我们选用高光谱 ROSIS 成像光谱仪（光谱范围是 425～850nm，共有 102 个波段）所获取的遥感影像作为高光谱实验数据。该数据获取的时间是 2002 年 7 月，地区是意大利北部城市帕维亚市(45.11N,9.09E)。这里采用 64、39、10 波段进行真彩色合成，合成影像立方图见图 4-2。由于该高光谱影像总共有 100 多个波段，数据量巨大，为了减少计算量，我们从中截取了大小为 100×100 像素的一块区域进行实验（图 4-3），通过与同一地区的高空间分辨率卫星影像对比，可以将该区域包含的主要地物类别划分为：水泥地、植被和屋顶等，在 ENVI 平台下采用 SMACC 算法对原始数据进行了自动提取端元光谱，得到对应于不同地物类别的端元光谱（图 4-4）。

由于高光谱数据相邻波段间的相关系数较大，而相关性较大的波段只能提供一些冗余信息，不利于线性分解的精度，反而增加了计算时间，因此选择特征波段来分解。特征选择的关键问题是确定选取特征波段的数目。从线性可分的角度，首先特征波段的选择数目不能少于

第四章 端元选择的影响

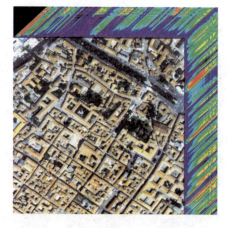

图 4-2 ROSIS 高光谱影像图

图 4-3 所截取的 100×100 像素影像图

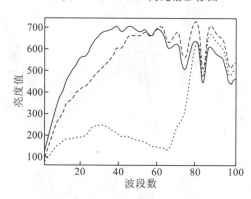

图 4-4 三种地物的端元光谱图

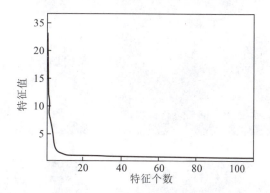

图 4-5 MNF 变换后特征值的变化情况

端元数目,影像中的端元数目可以从影像 MNF 变换的特征值分布转折点的情况大致确定,并且通常认为特征值大于 1.0 的个数为该数据的内在维数的上限(Tu,2001)。虽然这种方法经常过多地估计了端元的数目,但本书只需要考虑端元数目的上限。因此,在 ENVI 平台下对原始数据进行了 MNF 处理,得到了其特征值。从图 4-5 中可知,特征值的大小在 20 左右,因此根据波段间相关系数的大小,选择了 20 个波段进行后面的实验,采用直接抽取波段的方法降低该高光谱影像的维数。

利用传统的线性模型和全限制性分解模型对原始高光谱影像直接进行混合像元分解,为了方便比较,纯净端元的光谱矢量值规定为一致,分别获取水泥地面、植被、房屋顶的丰度图像(图 4-6)。然后,利用本书方法,首先进行交叉光谱匹配,获得原始影像中各像元所包含的地物类别个数,再进行全限制性分解,这样在保持组分比例不变的情况下,分成以下 3 种情况来考虑:

(1)端元个数为 1 时,当然这样的像元属于少数,直接将其对应的组分赋值为 1,其余的赋值为 0。

(2)端元个数为 2 时,对应不同的类别,获取 6 种不同的组成方式的像元组分比例,再依次利用模型进行获取端元组分。

(3)端元个数为 3 时,表示端元数目是饱和的,线性混合分解模型的算法和原始算法一致,图 4-6(i)(j)(k)分别代表本书方法所获取的 3 种地物丰度图像。

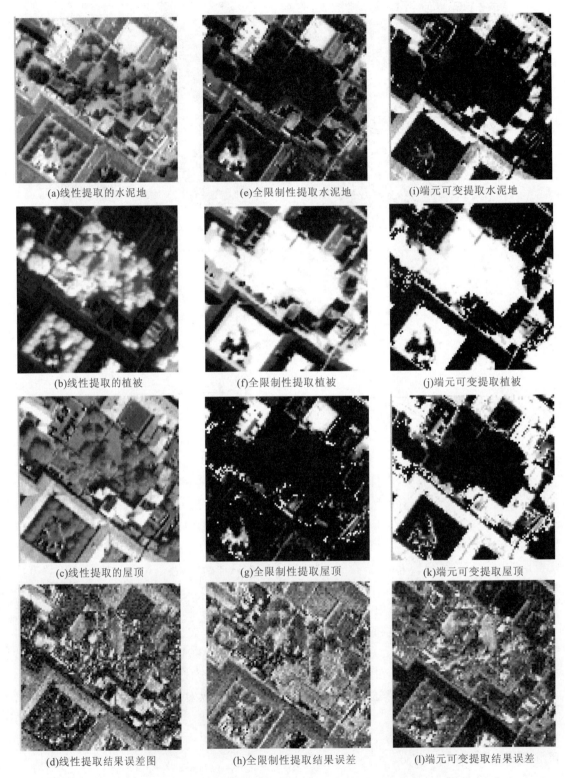

图 4-6 线性分解、全限制性线性分解和本书方法分解结果对比图

在丰度图像中,越亮的部分代表该地物所占的组分比例越高,反之代表所占的组分比例低。从目视效果比较上来看,线性混合模型的分解结果不如后两种方法的分解结果,它对于3种地物类型的区分都不太明显,而全限制性分解以及本书的方法所获取的丰度图像,不仅能够获取对比非常鲜明的地物组分丰度图,而且定位较为准确。比较全限制性分解算法与本书算法,我们发现对于混合情况复杂的区域,后者的不同类型的分解丰度值要更加准确。比如,通过图4-6(e)(g)与(i)(k)中水泥地面和房屋顶两种地物类型之间的比较,可以发现越是混合情况复杂的地方,区别越明显。进行端元的选择后再进行全限制性分解,能够更好地区别不同地物类别之间的界限,更精确地提取两种地物交界区域的丰度取值,而在图4-6(e)(g)中都不同程度地存在误判的情况。比如,图4-6(g)获取的房屋顶类型的丰度,在左上角有一块位置根本没有提取出来,通过与实际地物类别对比,发现这不符合实际情况。图4-6(d)(h)(l)分别是3种方法分解后,所获得的均方根误差图像,从分解效果来看,3个误差图像中除了突出噪声外,还包含了一部分的结构信息,最后一幅图的结构信息相比较是最模糊的,通过表4-2定量比较,本书的分解方法的误差也是最小的,证明分解效果为最佳。

表 4-2 误差比较

	误差			
	最小值	最大值	均值	标准差
线性模型	0.008 763	35.686 74	3.209 45	1.858 71
全限制性模型	0.003 624	32.033 61	3.348 90	1.123 94
本书方法	0.000 921	25.221 34	2.530 28	1.015 21

误差的原因来源于两个方面:一是端元提取的准确性。本书采用全自动提取端元的方式,在端元选择的过程中,调整阈值来剔除不相关的端元,这本身会给最终获取的组分丰度图的提取造成一定的影响。二是地物覆盖类型的复杂。实验中选取的区域包含了大量的混合像元,其中,不论是植被和阴影,还是水泥地面和房屋顶,这些都是在影像中容易混合一体的地物类型,必然会损害分解的精度。同时,由于高光谱图像的光谱维数过高,本书算法的时间要稍长,特别是当地物类别的个数增多时,需要进行多种地物类型端元的比较和选择,这是以后需要改进和深入挖掘的方向。

4.5.2 端元可变的神经网络混合分解实验

本书选取长江三峡地区的ETM影像作为实验数据,该影像有6个波段,获取时间为2002年4月,采用1、2、3波段真彩色合成(图4-7)。影像中的端元数目可以从影像MNF变化后的特征值分布转折点的情况大致确定。在ENVI平台下对原始数据进行了MNF处理,得到特征值(图4-8)。可见大致有4个独立成分,经过实地调查,分别为长江、居民地、植被和湖泊。这里,由于湖泊水质与长江差别较大,故单独作为一类。

通过目视判读,在原始影像上依次选取长江、居民地、植被、湖泊4类纯净的端元,并获取它们的光谱值,利用线性模型进行混合像元分解,分解结果见图4-9。

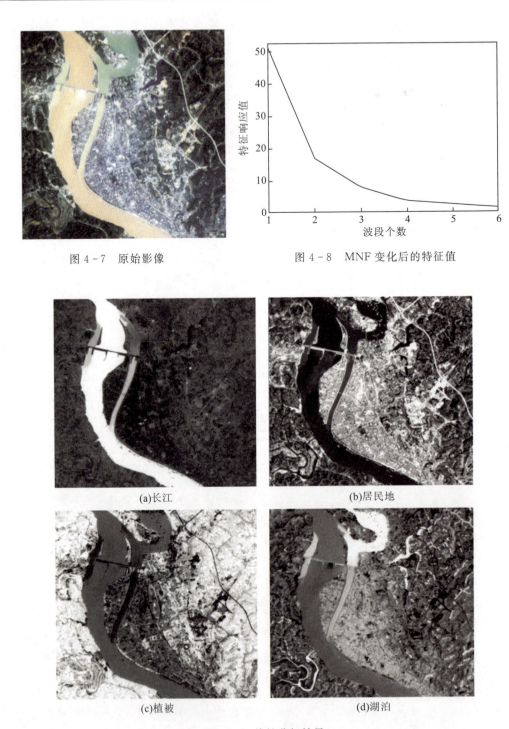

图 4-7 原始影像　　　　　图 4-8 MNF 变化后的特征值

(a)长江　　(b)居民地

(c)植被　　(d)湖泊

图 4-9 线性分解结果

直接利用 Fuzzy ARTMAP 进行混合像元分解，令 Fuzzy ARTMAP 网络模型的选择参数 $\alpha=10^{-6}$，ART_a 的初始域值 $\overline{\rho_a}=0$，警戒参数 $\rho_b=0.8$，匹配参数 $\varepsilon=0.01$。网络的训练采用模拟数据进行，即：利用随机产生的一组 0 到 1 之间的随机量，作为组分比，依次与所提取的 4 类纯净端元光谱值相乘之后求和,以得到的光谱矢量作为网络的输入,以随机产生值作为输出。当训练达到一定次数,权值收敛后,训练完毕。然后对整幅影像进行处理,分解结果见图4-10。

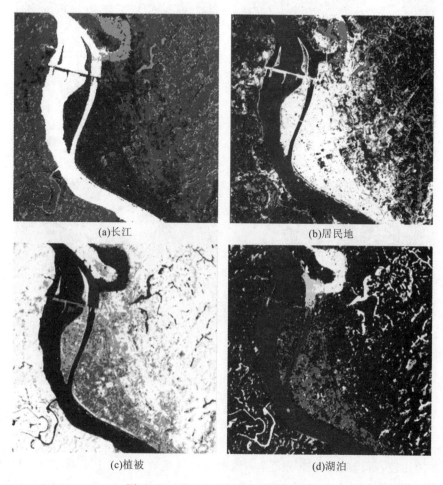

图4-10 Fuzzy ARTMAP分解结果

在本书方法中,首先利用交叉光谱匹配技术,获得原始影像中各像元所包含的地物类别个数,保持Fuzzy ARTMAP网络模型的参数不变,分成以下4种情况来考虑。

(1)端元个数 $N=1$ 时,当然这样的像元属于少数,直接将其对应的组分赋值为1,其余的赋值为0。

(2)端元个数 $N=2$ 时,同样是利用模拟数据来训练网络,但网络的输出端变成2个,且对应不同的类别,有6种不同的组成方式来进行训练和测试。

(3)端元个数 $N=3$ 时,网络输出端变为3,对应不同的类别,有4种组成的方式来进行训练和测试。

(4)端元个数 $N=4$ 时,表示端元数目是饱和的,网络模型的算法和原始算法一致。最终分解结果见图4-11。

在组分图像中,越亮的部分代表该地物所占的组分比例越高,反之代表所占的组分比例

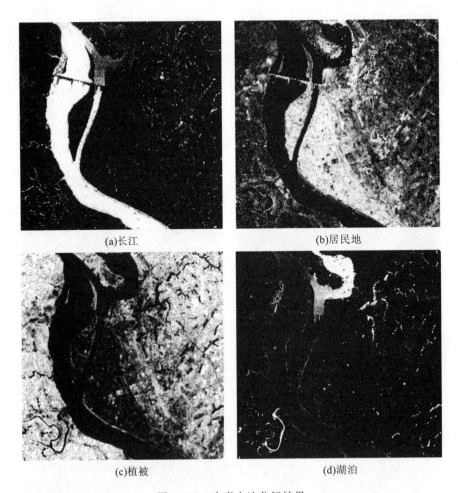

(a)长江　　　　　　　　　　(b)居民地

(c)植被　　　　　　　　　　(d)湖泊

图 4-11　本书方法分解结果

低。为了方便比较,所选取的纯净端元是一致的。从目视效果比较上来看,线性混合模型的分解结果不如后两种方法的分解结果。例如,从图 4-9(b)、图 4-10(b)中对"居民地"分解的组分影像的比较可以看出,基于线性模型的分解结果,根本就没有把居民地和植被两个不同的端元成分区分出来,对植被覆盖较多的地区分解出来的结果却与居民地的相似,这显然不符合实际情况,而基于 ARTMAP 神经网络方法得出的结果是,大片植被地区包含居民地的组分比较少,区分明显,较好地反映了实际情况。

作者认为这里有两方面的原因:一是选择纯净端元存在误差,由于是人为地选择纯净端元,线性混合模型过于简单,对初始条件的要求比较高,当纯净端元选择不太准确的时候,误差也比较大,而神经网络模型有自适应、自调节的特点,并且是一个迭代的过程,因此,利用神经网络分解的结果要好些;二是事实上在遥感影像中,各种地物的反射率一般是通过非线性形式加以组合的,因此利用线性模型去解决非线性的问题,分解结果会存在着比较大的误差。如果参考端元相同,神经网络模型的分解结果会好于线性混合的分解结果,这一点在图中也得到了证实。在加入了端元可变的信息后,对于图像中的每一个像元都剔除了相似性最小的端元类别,得到的端元组分更加准确,在混合像元越多的区域,分解的效果越好。例如,对图 4-10

(d)和图 4-11(d)中"湖泊"分解的组分影像进行比较,图 4-10(d)中显示的亮度高的地区表示所占湖泊的组分比高,但是实际上有些地区并不是湖泊,而是由植被、土壤等其他类别来组成的,因此在这种混合情况比较复杂的区域,直接利用神经网络的方法来分解的误差是比较明显的,从图 4-11(d)得到的结果看出,利用端元可变的神经网络方法来分解,效果要比图 4-10(d)好。

对于 4 幅组分影像上近似认为是纯净端元的区域,比如长江,3 种方法的分解结果在区域和数值上基本相同。但对于是混合像元的区域,图 4-11 的结果明显要好于图 4-9 和图 4-10 的结果。在利用端元变化的方法得到的结果中影像上不含有该类端元的区域值为 0,而利用线性分解模型和直接利用神经网络得到的区域值均不为 0。本书在图 4-11(a)的高亮区(长江)随机选择了 400 个点,统计各类平均组分值(表 4-3)。

表 4-3 分解结果

	长江	居民地	植被	湖泊
线性模型	0.821 78	0.031 30	0.033 15	0.113 77
Fuzzy ARTMAP	0.835 68	0.039 77	0.012 13	0.112 42
本书方法	0.903 70	0	0	0.096 30

这是由于传统线性模型以及神经网络模型对混合像元进行无区别分解,所以每类端元对混合像元都表现出一定的贡献。而可变端元的分解方法结合光谱信息和空间信息,动态调整端元个数,在分解过程中去除不相关的端元,因而取得了更好的结果。从目视解译和实地调查看,端元可变的混合像元分解方法更符合实际情况。

在整幅影像上取 RMSE 对 3 种方法做定量比较(表 4-4),结果表明:利用本书提出来的方法比传统线性方法和 Fuzzy ARTMAP 神经网络模型的分解方法得到的结果要好,获得的 4 种端元类别的均方误差都是最小的,有效地证明了方法的适用性。

表 4-4 误差比较

	长江	居民地	植被	湖泊
线性模型	0.0811	0.3150	0.2845	0.1249
Fuzzy ARTMAP	0.0653	0.1258	0.2476	0.1013
本书方法	0.0610	0.0986	0.1013	0.1002

第五章 亚像元定位模型

亚像元定位技术作为混合像元分解的后续研究内容,将在以下章节中进行具体的阐述。本章首先利用混合像元分解结果及地物空间分布关系,确立亚像元定位模型的理论基础;然后分别采取两种监督型的神经网络模型 BP 和 Fuzzy ARTMAP 进行亚像元定位处理;最后介绍了非监督型的神经网络模型 Hopfield 以及智能化的进化 Agent 技术。

5.1 亚像元定位的理论基础

混合像元分解技术的结果表现形式是获得一组属于各个端元的分解组分影像,如果需要进一步定量地研究混合像元的问题,就必须确定端元组分在空间上的分布方式,最直观的方法就是利用亚像元定位技术,将混合像元细分为许多更小单元的亚像元,在满足不同端元组分所占亚像元的比例与该端元组分丰度相等的条件下,尽可能地弥补空间细节信息,提高遥感影像的分类精度。人们对于这一技术的研究,全部都是基于同一个假设条件,即空间相关性假设理论(Atkinson 等,1997),地面物体的空间分布相关性是指图像的混合像元或者不同的像元之间,距离较近的亚像元和距离较远的亚像元相比,更加属于同一类型。依据这个原则,我们能够利用不同的模型,来对每个像元中的亚像元分布情况进行估计,获得亚像元最优的分布结果。如图 5-1 所示,当像元被分割成亚像元时,每个像元被分割成更小的亚像元,已知位于图 5-1(a)中 8 邻域中心的像元属于某一种类别的组分比为 50%,那么至少可以得到(b)(c)(d)3 种不同的亚像元空间分布情况,根据假设理论,(d)是 3 种分布情况中最符合空间分布相关性的,可以将其作为亚像元定位的结果。

在本章及以下章节中,本书将会以不同的模型和方法围绕遥感影像亚像元定位的技术来进行实验,开展研究和分析。必须强调的是,为了避免低分辨率与高分辨率影像之间配准而带来的误差,以及消除利用一般混合像元分解方法得到结果的不确定性干扰,所有的实验分析中的模拟数据和真实数据都是采用合成图像来模拟混合像元分解后的丰度图,合成图像是指将较高分辨率影像中各类型的硬分类结果,用中值滤波器重采样至低分辨率的丰度图。因此,实验所关注的对像仅仅是亚像元定位模型,研究结果的误差也直接反映了该研究模型方法的好坏。同时,高分辨率的硬分类结果可作为精度验证的标准(Mertens,2004)。

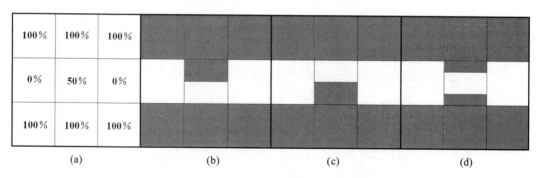

图 5-1　端元组分百分比(a)和 3 种不同的亚像元空间分布情况(b)(c)(d)

5.2　基于监督型神经网络的亚像元定位模型

把亚像元定位的主要问题归结为亚像元属性的确定问题,采用神经网络(ANN)针对各像元与其邻域之间复杂的空间结构关系来解决演化规则,确定最大空间依存度,具体演化规则的设定是建立 SPM(Sub-Pixel Mapping)模型的关键(吴柯,2009)。由于神经网络特别适用于模拟复杂的非线性系统,它比一般的线性回归方法能更好地模拟复杂的曲面,能很好地从不准确或带有噪声的训练数据中进行综合,从而获取较高的模拟精度。我们选取两种监督型神经网络模型,即 BP 神经网络和 Fuzzy ARTMAP 神经网络为例,来分析利用典型的监督型神经网络模型来对遥感影像进行亚像元定位算法的特点。

构建亚像元定位模型的监督型神经网络包含两大相对独立的模块:模型纠正(训练)和模拟。这两个模块使用同一网络模型。在模型纠正模块中,利用训练数据自动获取模型的参数,然后该参数被输入到模拟模块进行模拟运算。整个模型的结构十分简单,无须人工定义转换规则及参数。网络模型(图 5-2)描述了在一定尺度空间里,组分影像是输入层,在输入层中 8 邻域中间的低分辨率目标像元构成一种对应关系。为方便描述,这个过程可以简单地按照公式(5-1)来描述。比如,令尺度空间为 2,那么空间窗口大小是 3×3 个低分辨率像元,中心像元是 x_{ij},在组分影像中建立起对应的关系,即:

$$\begin{bmatrix} x_{i-1,j-1} & x_{i-1,j} & x_{i-1,j+1} \\ x_{i,j-1} & x_{i,j} & x_{i,j+1} \\ x_{i+1,j-1} & x_{i+1,j} & x_{i+1,j+1} \end{bmatrix} \rightarrow \begin{bmatrix} y_{ij}^1 & y_{ij}^2 \\ y_{ij}^3 & y_{ij}^4 \end{bmatrix} \quad (5-1)$$

这里

$$y_{ij}^k = \begin{cases} 1 & \text{如果对应属于目标像元类别} \\ 0 & \text{否则} \end{cases}, k=1,2,3,4 \quad (5-2)$$

网络的输出层决定了每个模拟单元在 $s(s>1)$ 尺度上目标类型的空间分布状况,依次输出每个亚像元 $k_j(j=1,\cdots,s^2)$ 所属该类别的概率 $Y=y_{ij}^k(k=1,2,3,4)$,经过训练后,对不同的影像处理均具有普遍性。由于原始图像的混合像元中某一类所占的比例是一定的,因此,对这一类来说,需要对像元中的各个亚像元概率值进行从大到小的排序,依次确定目标类型,直到满足该类总数为止。这样,亚像元的空间分布得到了确定。

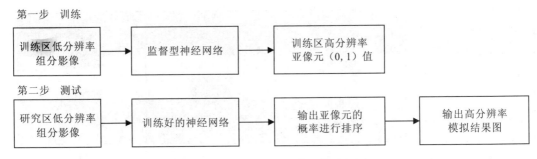

图 5-2 监督型神经网络工作过程图

5.2.1 模拟数据实验

在图像中所包含的类别个数越多的情况下,神经元个数也会相应地增加,网络处理的过程也越复杂(Mertens 等,2003)。采用一个简单的字体实验对 BP 和 ARTMAP 两种神经网络模型进行分析(图 5-3)。首先利用最小距离法对字体原始影像进行分类,结果作为参考影像。为了正确评价遥感影像亚像元定位模型的功能,在不引入额外误差来源的情况下,本次实验的混合像元分解结果可以通过图 5-3(b)得到。分解图像的值应只包含有 1(属于该类)或者 0(不属于该类),实际上,分解图像的个数应该等于图像中的类别数,由于只有两种类别,因此我们只对图像[图 5-3(c)]进行分析即可。

(a)原始影像

(b)参考影像

(c)分解丰度图

图 5-3 模拟字体图像

利用均值滤波对每个子图像进行处理,得到一幅低分辨率的模糊子影像,以其作为输入数据。采样比率为 $S=4$,那么采样后的一个像元中即包含有 16 个亚像元,若直接将采样后的原始模糊影像进行硬分类处理,则得到如图 5-4(a)所示的结果,出现了比较大的误判情况。图 5-4(b)是利用 BP 神经网络在训练 500 次以后所得到的结果,可以看到在字体的边缘处出现了一些毛刺的现象,这是 BP 网络本身的特点所决定的。图 5-4(c)则是利用 Fuzzy ARTMAP 神经网络模型进行亚像元定位后得到的分类图。在视觉上可以很明显地看出,与图 5-3 相比,利用 ARTMAP 模型定位得到的结果更加接近于原始图像,图 5-4(c)更好地反映了物体的边界信息和整体细节。

(a)重采样的分类图　　　　　　(b)BP模型结果　　　　　　(c)ARTMAP结果

图 5-4　模拟数据的分类结果

5.2.2　真实数据实验

选取前面章节使用的武汉地区 TM 影像进行实验,该影像分辨率为 30m,包含长江、湖泊、植被和居民区 4 个不同类别[图 5-5(a)]。对原始影像利用 MLC 分类器进行分类,以其作为参考影像,得到的分类结果图用红色部分表示长江,绿色部分表示湖泊,蓝色和黄色分别表示植被和城区[图 5-5(b)]。为了获取网络模型所需要的参数,首先需利用训练区数据对模型进行训练。由于模型所依据的空间依赖假设,强调的是空间结构意义上的地理相关性,可以认为它与图像的分辨率、获取时间、像元内部所包含的土地覆盖类型等因素没有太大关系(Mertens 等,2004)。模型演化的规则也就可以利用非研究区获得的类似图像经过神经网络训练来得到,得到的规则也应完全能适用于实验区当前的图像数据中进行模拟。这样做与在缺乏研究区高分辨率图像信息支持的情况下进行亚像元空间分配研究的现实也是相一致的。

本书将训练区同样选在武汉地区,靠近长江以北的一块区域,数据源为 2002 年武汉市 TM 影像,分辨率为 30m。为了得到更好的模拟结果,根据长江边上武汉地区城市空间分布的特点,训练区中同样包含了与测试地区类似的高密度城区。

与模拟数据的处理方法相似,为了避免由于混合像元分解带来的额外误差,可直接利用原始图像分类结果来获取在混合像元中各端元组分的丰度,作为几种不同的分解子图像。子图像的个数等于影像中地物的类别数,像素值只包含有 1(属于该类)或者 0(不属于该类),利用均值滤波器对每个子图像进行模糊处理,模糊化的尺度因子 $S=4$,模糊后的分辨率为 120m×120m,即:每一个像元都含有 4×4 个原始影像的像元。

如果利用传统 MLC 方法对退化影像进行分类,得到的结果如图 5-5(c)所示,以参考影像图 5-5(b)为标准,从目视效果上来看,某些区域的形状特征几乎完全消失。而利用 BP 和 Fuzzy ARTMAP 两种神经网络模型进行求解的步骤为:训练获取的模型参数,在每次循环过程中,输出层的神经元自动计算出对应像元中的各亚像元被确定为目标类型的概率,然后再利用归一化的方法,逐一进行恢复后的分类如图 5-5(d)(e)所示。在 BP 模型处理的结果中,地物类别混杂的区域存在着不连续的情况,比如在湖泊的边界位置,出现错误比较明显。而利用 Fuzzy ARTMAP 模型处理的结果中,尽管也存在误判的情况,但对于一些空间自相关较弱的零散破碎的目标区域以及某些地类边缘,定位的效果比较好,整体分类保证了图像的连续性和细节。比较两种算法花费的时间:对选择的 1000 个样本训练 800 次,BP 神经网络模型所花费

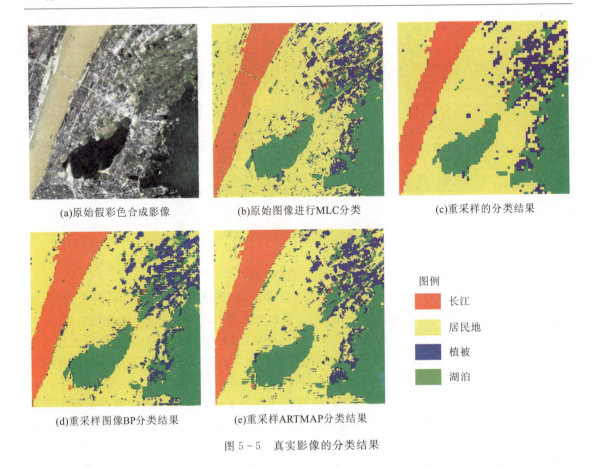

图 5-5 真实影像的分类结果

的时间是 10 分钟左右,而对于相同的输入,Fuzzy ARTMAP 神经网络模型只需要 5 分钟,因此后者的效率更加高效。

为了进一步验证该模型的有效性,下面给出了利用 Fuzzy ARTMAP 神经网络模型、BP 神经网络模型和 MLC 分类法对上述模拟和真实影像进行分类的定量分析结果。主要的精度评价指标采用混淆矩阵、分类正确率的百分比(PCC)和 Kappa 系数。

从表 5-1 中的 PCC 值和 Kappa 系数结果可以看出:利用 Fuzzy ARTMAP 神经网络的方法与直接硬分类的方法 MLC 和 BP 神经网络的方法相比较,模拟影像和真实影像的分类精度分别提高了 7%、17% 以及 1%、3% 左右;对于真实影像中的 4 种地物类别,分别选取 100 个点,作为混淆矩阵的训练样本。

表 5-1 MLC、BP 与 ARTMAP 神经网络模型方法结果精度统计表

	模拟数据			真实数据		
	MLC	BP	ARTMAP	MLC	BP	ARTMAP
PCC	0.910	0.976	0.982	0.749	0.889	0.921
Kappa	0.863	0.868	0.877	0.702	0.801	0.816

从表 5-2 可以看出:Fuzzy ARTMAP 神经网络的方法对这 4 种地物的分类精度都有所提高,特别是在植被与城区和湖泊的交界位置,正是地物比较复杂的区域,因此 BP 模型和 Fuzzy ARTMAP 模型的差别比较明显,主要是由于前一种网络模型定位时将湖泊的边界错误地归为植被,导致分类精度下降。

表 5-2 MLC、BP 和 ARTMAP 分类结果混淆矩阵的比较

方法		长江	湖泊	植被	城区
MLC	长江	89	9	7	2
	湖泊	8	86	8	6
	植被	3	4	66	21
	城区	0	1	19	71
BP	长江	92	3	1	2
	湖泊	3	94	9	7
	植被	2	2	79	12
	城区	3	1	11	79
ARTMAP	长江	93	3	0	3
	湖泊	2	91	6	5
	植被	4	4	85	11
	城区	1	2	9	81

5.2.3 算法分析

为了对上述基于神经网络的亚像元定位算法进行更加有效的分析,本书分别选择了影像类别个数和重采样尺度大小两个参数,通过分析两个参数的变化,来判断它们对结果误差的影响。这里把误差定义为:以原始高分辨率影像的分类结果作为真实数据,与 BP、ARTMAP 神经网络模型的定位结果相比较后,被错误分类的亚像元所占的百分比值。

1. 类别个数影响

在地物类别个数增加的情况下,混合像元中的每个亚像元将会更多地受到不同"吸引力"的影响,这些"吸引力"来自于不同的地物类别。如何保持各种"吸引力"的平衡,确定亚像元的值,将会变得复杂,这使得利用该模型进行亚像元定位的误差增大。图 5-6 和图 5-7 表示在类别个数增加时,对应误差值的变化情况。可以看到,当类别个数较少时,误差变化比较小,当类别个数增加到 6 时,误差相应地增加到最大。

2. 尺度选择影响

尺度的选择与本书的研究结果有着密切的关系,由于本书的实验是采用合成图像来模拟混合像元分解后的丰度图,并以此作为亚像元定位模型的输入数据。所以,选择不同的尺度来

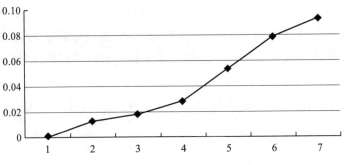

图 5-6　BP 神经网络对应不同类别数的误差分布图

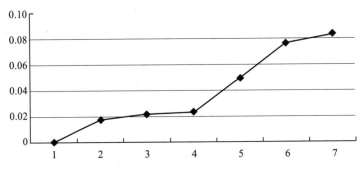

图 5-7　ARTMAP 神经网络对应不同类别数的误差分布图

对原始影像的硬分类结果进行均值滤波处理(重采样),可以获得不同的低分辨率丰度影像,用以检测两种神经网络模型的有效性。如图 5-8 所示,当尺度选择为 3,5,7,9 的时候,中心像元对应于不同尺度上的亚像元及其 8 邻域分布情况,其中的 1 个像元分别包含了原始影像中 $3\times3,5\times5,7\times7,9\times9$ 个亚像元。

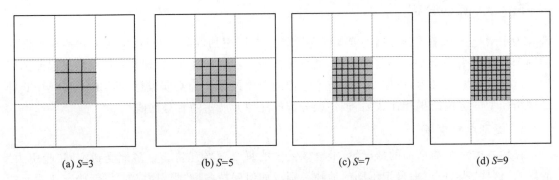

图 5-8　尺度 $S=3,5,7,9$ 时所对应的不同个数的亚像元

当尺度选择的越大时,混合像元中增加的亚像元个数越多,定位信息量增加,满足空间相关性最大的条件变得更加复杂,最终亚像元定位结果的误差越大,这在图 5-9 中得到了证实。

综上所述,利用 Fuzzy ARTMAP 神经网络模型求解亚像元定位要比利用 BP 神经网络模型效果精度要高。原因在于:BP 神经网络模型算法本质上为梯度下降法,所要优化的目标函数又非常复杂,因此结果中必然会出现"锯齿形现象",这会使得 BP 算法低效;另外由于网络

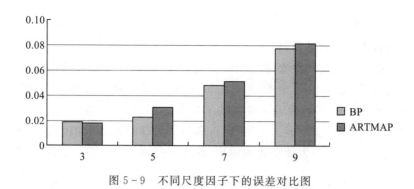

图 5-9 不同尺度因子下的误差对比图

的训练过程耗费时间较长,容易陷入极大或极小,收敛不完全对结果也会造成一定的影响。与其相比较,Fuzzy ARTMAP 神经网络模型具有结构简单、计算量小、适应性强等特点。

另外,利用这两种神经网络模型来估计亚像元的位置,在类别个数增加和模糊尺度增大的情况下,像元空间关系更加复杂,误差会相应地增大,如何更精确地获取亚像元的空间分布,仍需要进一步开展研究工作。

5.3 基于非监督型神经网络的亚像元定位方法

与监督型神经网络不同,利用非监督型 Hopfield 神经网络模型也可以完成遥感影像的亚像元定位。该神经网络模型主要是引入了"能量函数"的概念,通过自身的不断调节,寻求能量最小的最优解,并给出了网络稳定性判据(Tatem 等,2001)。采用非监督性能量聚集神经网络模型 Hopfield 神经网络来模拟亚像元的位置分布,具体分为如下几个方面。

1. Hopfield 神经网络的初始化

给网络中各神经元赋初值时,应遵循以下两条原则:

(1)确定对应低分辨率图像中同一像素的一组神经元,并随机地给该组中一定比例的神经元赋初始值,该比例和原来像素中的类别比例相等,给神经元组中剩余的神经元赋予 $u_{\text{inist}}=0.45$ 的初始值。选择 0.55 和 0.45 作为初始值,实际上是给各神经元设定了一种初始的开、关状态。这样的取值主要是处于节省时间的考虑。

(2)完全随机地给神经元赋予 [0.45,0.55] 之间的一个初始值。这样便可以与按类别比例进行的初始化进行对比,并且由于没有利用类别估计的结果,这种初始化过程并不会引入额外的误差。

2. 定义能量函数

能量函数是通过目标函数和约束条件的组合定义的,即:

$$E = -\sum_i \sum_j (k_1 G_{1ij} + k_2 G_{2ij} + k_3 P_{ij}) \tag{5-3}$$

式中:k_1、k_2、k_3 为加权求和的权值;

G_{1ij}、G_{2ij} 为两目标函数的输出;

P_{ij} 为比例约束神经元的输出。

3. 定义目标函数

几乎所有自然或人造的场景都具有一定程度的空间连续性。具体来说，在图像中邻近像素间的相似性一般大于较远的像素间的相似性，其不相似的程度与环境及所观察物体的特性有关。在这种情况下，需要使一个神经元的输出能与邻近神经元的输出相似。当神经元 $neuron(i,j)$ 的输出和 8 个邻近神经元输出的平均值相似时，给出较低的能量，否则就认为网络产生较高的能量。但是，要生成二值图像，仅满足邻近神经元输出相似是不够的，因此，引入了两个目标函数：一个旨在增大神经元的输出（使输出趋近于 1）；另一个旨在减小神经元的输出（使输出趋近于 0）。如果邻近 8 个像素的平均输出 $(1/8)\sum_{\substack{k=i-1\\k\neq i}}^{i+1}\sum_{\substack{l=j-1\\l\neq j}}^{j+1}v_{kl}$ 大于 0.5，第一个目标函数就将中心神经元的输出增大，使之逼近 1。

$$\frac{\mathrm{d}G_{1ij}}{\mathrm{d}v_{ij}} = \frac{1}{2}\left[1 + \tanh\left(\frac{1}{8}\sum_{\substack{k=i-1\\k\neq i}}^{i+1}\sum_{\substack{l=j-1\\l\neq j}}^{j+1}v_{kl} - 0.5\right)\lambda\right](v_{ij} - 1) \tag{5-4}$$

式中 λ 控制了函数的陡峭程度，而 $\tanh$ 函数则控制了邻近神经元的作用。如果邻近神经元的平均输出小于 0.5，式(5-4)的取值将向 0 逼近，这样该函数对式(5-3)表示的能量函数几乎没有任何影响。如果平均输出大于 0.5，式(5-4)的取值就会向 1 逼近，$(v_{ij}-1)$ 函数控制了负梯度输出的幅度，零梯度只有在 $v_{ij}=1$ 时可以取得。梯度为负值，神经元的输出将增大。当周围 8 个神经元的平均输出 $(1/8)\sum_{\substack{k=i-1\\k\neq i}}^{i+1}\sum_{\substack{l=j-1\\l\neq j}}^{j+1}v_{kl}$ 小于 0.5 时，第二个目标函数将中心神经元的输出由 1 递减到 0。

$$\frac{\mathrm{d}G_{2ij}}{\mathrm{d}v_{ij}} = \frac{1}{2}\left\{1 + \left[-\tanh\left(\frac{1}{8}\sum_{\substack{k=i-1\\k\neq i}}^{i+1}\sum_{\substack{l=j-1\\l\neq j}}^{j+1}v_{kl}\right)\lambda\right]v_{ij}\right\} \tag{5-5}$$

这里，当周围神经元的平均输出大于 0.5 时，$\tanh$ 函数的取值将逼近 0，而当 $\tanh$ 函数的取值小于 0.5 时，函数取值将逼近 1，中心神经元的输出决定了整梯度输出的幅度，只有当 $v_{ij}=0$ 时才取零梯度。当梯度为正时能量函数将减小。只有当 $v_{ij}=1$ 且 $(1/8)\sum_{\substack{k=i-1\\k\neq i}}^{i+1}\sum_{\substack{l=j-1\\l\neq j}}^{j+1}v_{kl}>0.5$，或 $v_{ij}=0$ 且 $(1/8)\sum_{\substack{k=i-1\\k\neq i}}^{i+1}\sum_{\substack{l=j-1\\l\neq j}}^{j+1}v_{kl}<0.5$ 时能量函数才等于零，此时 $G_{1ij}+G_{2ij}=0$。这和要产生空间连续性的目的是一致的，同时神经元的输出将逐渐逼近 0 或 1，从而生成一幅二值图像。

4. 考虑比例约束

目标函数增强了空间连续性，但是仅使用目标函数会使所有的神经元的输出只取 0 或者 1，因此，需要将目标函数的作用限制在一定区域内。比例约束 P_{ij} 正是基于这样的考虑而引进的，设计它的目的是为了保持模糊分类得到的像素内的类别比例。这一目标可以通过限定一组神经元的总输出和它们所对应的原始像素点的预测比例值相等来实现。下面，引入一种区域比例估计函数，它表示一组神经元中所有取值大于或者等于 0.55 的神经元所占的比例。

$$区域比例估计函数 = \frac{1}{2z^2}\sum_{k=xz}^{xz+z}\sum_{l=yz}^{yz+z}[1 + \tanh(v_{kl} - 0.55)\lambda] \tag{5-6}$$

$\tanh$ 函数可以保证在神经元的输出大于 0.55 的情况下，其输出可以看作 1，并认为它位于一类的估计区域内。当输出小于 0.55 时,该神经元不包括在估计范围内,这样便可以简化估计过程,并且限定了神经元的输出必须超过初始分配的 0.55,才能进入计算的范围。为保持模糊分类得到的各像素内的类别比例,将每一像素的类目标比例 a_{xy} 从区域比例估计式(5-6)中减去:

$$\frac{dP_{ij}}{dv_{ij}} = \frac{1}{2z^2} \sum_{k=xz}^{xz+z} \sum_{l=yz}^{yz+z} [1 + \tanh(v_{kl} - 0.55)\lambda] - a_{xy} \quad (5-7)$$

当像素(x,y)的区域比例估计小于目标区域时,式(5-7)会产生一个负梯度,这样便会增大神经元的输出进行弥补。分类估计的过估计会产生正梯度,相应地会导致神经元输出的减小,只有当区域比例估计和目标区域估计完全一致时,才会产生零梯度。

5.3.1 字体实验及结果分析

同样采用上一节的字体数据进行实验来检验基于 Hopfield 神经网络的亚像元定位方法(图 5-10)。分 $S=2$ 和 $S=3$ 两个尺度分别对原始分类图进行降采样,如图 5-10(a)(d)。如果将子图像分别进行硬分类后合成,结果得到两幅分辨率差的硬分类影像图 5-10(b)(e)。而采用 Hopfield 神经网络的亚像元定位会得到高分辨率的分类影像图 5-10(c)(f)。

(a)$S=2$的模糊影像

(b)$S=2$的硬分类影像

(c)$S=2$的Hopfield定位影像

(d)$S=3$的模糊影像

(e)$S=3$的硬分类影像

(f)$S=3$的Hopfield定位影像

图 5-10 字体处理的各个影像

利用分类正确率的百分比和 Kappa 系数来估计亚像元的精度,同时从视觉上通过与原始分类影像图进行比较,对以上实验结果进行分析。从表 5-3 和表 5-4 中的 PCC 值和 Kappa 系数结果得知,利用 Hopfield 神经网络,采用空间邻域的关系求解亚像元,来代替原像元的值,是一个比较有效的方法,两种方法的精度分别提高了 5% 左右,对于原始像元的信息估计比较准确；从目视效果上来看，图 5-10 在字体图像中直接硬分类得到的是一个模糊的字体，在真实影像的分类图中，直接的硬分类得到的是一幅模糊的分类影像，丢失了一部分信息，而且分辨率低，所分析的区域形状特征几乎完全消失，这与原始分类图像比较，存在很大的误差，而且尺度越大，信息丢失的情况越明显。运用 Hopfield 神经网络定位可以较好地对图像进行修复，基本上弥补了丢失的信息，使图像能够在一定程度上恢复到原始分类影像的模样，误差也比较小。对 $S=2$ 和 $S=3$ 两种尺度情况比较来看，尺度为 3 的精度要略高于前一种，这无论在表中还是在图像上面都有反映，由于尺度为 3 的方法中取了亚像元更多的邻近像元信息，因此对亚像元的估计要精确一些。

表 5-3　对字体的分类评价（$S=2$）

	PCC	Kappa
直接硬分类	0.952	0.752
Hopfield 定位	0.982	0.861

表 5-4　对字体的分类评价（$S=3$）

	PCC	Kappa
直接硬分类	0.921	0.713
Hopfield 定位	0.962	0.831

5.3.2　真实数据实验

如图 5-11 所示，实际数据是位于武汉地区 6 个波段的真实 TM 影像，分辨率为 30m，这里将长江和湖泊进行合并，因此，分类图中只包含水体、植被和居民区 3 个不同类别。对原始影像利用最小距离法进行分类，以其作为真实的参考影像，得到的分类结果图用红色部分代表水体，蓝色和绿色分别代表城区和植被。

(a)原始影像

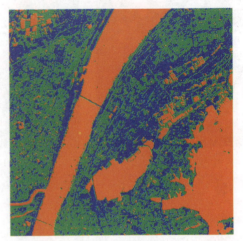
(b)分类参考图

图 5-11　原始影像和参考分类图

与模拟数据的处理方法相似,首先提取 3 种地物类别的二值图像作为参考类别,获取结果如图 5-12(a)(b)(c)。对参考影像进行重采样处理,利用均值滤波器对图像进行模糊,模糊化的尺度因子 $S=4$,模糊后的分辨率为 120m×120m,即:每一个像元都含有原始影像的 4×4 个像元,如图 5-12(d)(e)(f)。取这 3 种类别混合像元分解后的分解丰度图像作为输入,利用 Hopfield 算法逐一进行高分辨率影像重建,通过重建后的影像对亚像元进行定位,最后的亚像元定位结果如图 5-12(g)(h)(i)。以参考影像为标准,从目视效果上来看,这 3 类定位结果与参考图像相比,有一定的效果,但是邻近的像元之间都聚合在一起,存在较大的误差。

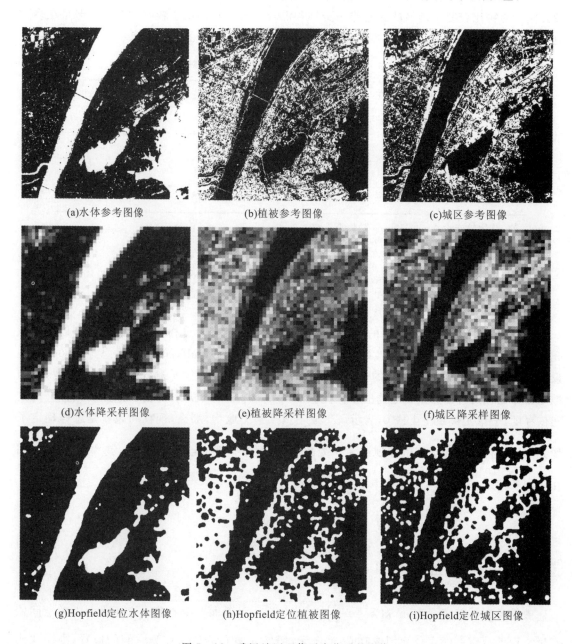

图 5-12 武汉地区亚像元定位后的影像

从表 5-5 中的 PCC 值和 Kappa 系数结果可以看出：利用 Hopfield 方法，对原始像元信息的估计比较准确，真实影像的分类精度达到 0.83，而 Kappa 系数为 0.733。对每一种地物分别选取 100 个点作为混淆矩阵的训练样本。由于在退化的影像中包含有大量的混合信息，因此，Hopfield 亚像元定位难以得到精确的结果，在这 4 种地物里面，植被是图像中含混合成分最多的地物，特别是在植被与城区和湖泊的交界位置，正是地物比较复杂的区域，这一区间的定位结果并不是非常理想。利用空间邻域的关系对亚像元的值进行估计，目的在于增强遥感影像的分类效果和保留利用软分类的结果信息，这样显著地提高了硬分类影像的精度。这种方法为地物比较复杂地区的遥感影像分类和混合像元分解提供了较好的帮助。但是在多种地物类别混杂的情况下，如果直接用这种邻域关系来估计亚像元的值，结果不甚理想。

表 5-5 Hopfield 模型恢复结果混淆矩阵

样区	长江	湖泊	植被	城区
长江	89	9	7	2
湖泊	8	86	8	6
植被	3	4	66	21
城区	0	1	19	71

注：总体精度为 0.830；Kappa 系数为 0.773

5.4 线性优化理论

研究表明，当满足亚像元间的空间依存度（空间相关或空间自相关）最大时，也可以把亚像元的定位看作是一种简单的线性最优化问题（Verhoeye and Wulf，2002；张洪恩等，2006）。假设线性混合分解得到 C 类地物的百分比图像，每个低分辨率的像元被分解成 N 个子像元，与地物百分比相对应的第 i 类地物的子像元数为 NC_i，C_{ij} 表示 i 类地物在子像元 j 位置上的空间依存度，子像元被赋予 1 或 0，表示属于或不属于某类地物，那么，现在问题就是怎样确定子像元的值使得像元的空间依存度最大。为此，构造数学模型，定义变量 X_{ij}，其中 $X_{ij}=\begin{cases}1\\0\end{cases}$，则在限制条件下：

$$\begin{cases}\sum_{i=1}^{C} x_{ij} = 1, & j=1,2,\cdots,N \\ \sum_{j=1}^{N} x_{ij} = NC_i, & i=1,2,\cdots,C\end{cases} \quad (5-8)$$

数学模型可以表示为 $\max(Z) = \sum_{i=1}^{C}\sum_{j=1}^{N} x_{ij} \times C_{ij}$，计算每一类在每一个子像元上的空间依存度。设低分辨率的百分比图像有 M 个像元，用像元中心的位置作为它们的位置，则子像元的空间依存度可以表示为：

第五章　亚像元定位模型

$$C_{ij} = \sum_{j=1}^{M} w_k \times f_k \qquad (5-9)$$

式中：w_k 为子像元到像元中心距离的函数；

f_k 为像元百分比。

在实际应用中，并不需要考虑图像中所有像元，由于距离越远，空间联系越小，因此只需考虑一定距离范围内的像元即可。由于目标函数和限制条件都是线性方程，所以把寻找方程的解变成线性最优化问题。当前，寻找线性最优解有各种各样的方法，以下引入一种新的理论模型，解决线性最优解的问题。

5.5　基于进化 Agent 理论的亚像元定位方法

进化 Agent 是近年来迅速发展起来的一种全新的随机搜索与优化算法，它提供了一种求解复杂系统优化问题的通用框架，不依赖于问题的具体邻域，对问题的种类有很强的鲁棒性，所以广泛应用于众多学科，特别是组合优化算法是进化 Agent 算法的经典应用领域。受到以上线性优化算法求解亚像元定位的启发，下面在利用空间相关性假设的理论基础上，结合进化 Agent 技术的工作原理，提出了一种全新的基于进化 Agent 技术的遥感影像亚像元定位模型。

5.5.1　进化 Agent 技术介绍

进化 Agent 技术源于人工智能，在 20 世纪 80 年代中后期逐渐发展起来，随着分布式计算机技术、面向对象技术、计算机网络技术的发展，现已融入计算机的各个领域（刘弘等，1998）。目前对于进化 Agent 的概念还没有一个统一的定义，由于研究的角度和内容不同，进化 Agent 的定义和特性表现也不同，其中最为经典和广为接受的是 Michael 和 Nicholas（1995）给出的关于进化 Agent 的"弱定义"和"强定义"。每个 Agent 应当满足给定的 4 个最基本特征：自主性、反应性、能动性和社会性。Agent 还应该拥有其他的特性，如：移动性、理性、准确性、自学习、精神上概念等。

简单的进化 Agent 技术是定义在一个由具有离散、有限状态的进化 Agent 组成的空间上，并按照一定局部规则，在离散的时间维上演化的动力学系统。该系统认为系统的状态由所有进化 Agent 相互作用形成，每个进化 Agent 下一时刻的变化由其初始状态和邻域进化 Agent 对其的作用所决定。这种微小变化最终将导致系统的组成布局、性质和动态的宏观大幅度的变化。

活动的 Agent 可以作为独立的实体，能自学习、自增长，同时又可以和别的进化 Agent 协调配合。它用于解决现实世界中的工程计算问题，如数值优化。在实际的计算模型中，采取了优胜劣汰的机制，原始进化 Agent 群体通过与环境的交互，不断地进化，使适应度高的进化 Agent 不断复制和扩散，而适应度低的进化 Agent 不断被淘汰，最终求得了问题的最优解。

从个体到生物圈，无论是自然界，还是社会中的生物单元都具有态和势两个方面的属性（Liu 等，1997；Liu and Tang，1999）。在生态学中，态是指生物属性的状态，是过去生长发育学习与环境互相积累的结果；势是指生物单元对环境的现实影响和支配力。由于在图像中不同区域具有不同的特征，所以可以认为每一个区域代表一个种群（Population），这里种群是指占据特定空间的同种有机体的集合群。每个群在不同的时期具有不同的态和势。这里的态与种群(区域)里像素的数目、区域的总体灰度分布特征有关;势,即种群的繁殖能力、占据新空间的能力、死亡率等特征。

在具体的应用中进化 Agent 模型可以表示为 $<C,V,S,R,B,T>$。

其中,C 是指在环境中的进化 Agent 数目,即种群数目;

V 是指进化 Agent 生存的环境,可以认为是在离散的一维、二维或多维欧几里德空间网格点上的空间分布;

S、R 是指进化 Agent 的态和势,可以是 $\{0,1\}$ 的二进制形式,也可以是代表不同类别的整数形式的离散集;

B 是指进化 Agent 的繁殖,由进化 Agent 与周围空间的状态决定下一时刻的动作;

T 是指求解的最优化时间,即终止判据,可根据具体度量和求解精度来决定。

基于亚像元定位的基本理论,利用进化 Agent 进行亚像元定位的研究可以想像成一个类似自然界的过程。简单来说,遥感图像就是进化 Agent 的生存环境,先往图像中均匀地撒下若干进化 Agent,然后让进化 Agent 根据它本身所处位置的图像环境来执行一系列操作:环境适合则繁殖后代并留下印记;环境不适合则迁移到新的地方;超过了生存期则死亡。通过这样一系列的过程,从而搜索出所需的特征像素,得到高分辨率遥感影像的定位结果。其中,最重要的两个行为特征是繁殖和扩散(姚郑和高文,1997),繁殖行为使进化 Agent 在一个满足条件的特征像素的周围生成若干后代进化 Agent;扩散行为使进化 Agent 在找不到特征像素时能够转移到别的地方去找,使得找到的新像素点符合繁殖的条件后,进行交换,直到进化 Agent 能够尽可能搜索出图像中的所有特征像素。这两个行为设计的好坏,将直接影响特征提取的效率和结果。

扩散和繁殖的法则可以有很多种模式,在本书中,扩散采用的是随机模式,也就是说,向哪一个方向扩散,扩散的距离是多少,这些统统都是随机决定的。而在繁殖的模式中,进化 Agent 具有学习能力,向哪一个方向繁殖,转移到哪一个位置,并非随机而定,而是根据邻域像素本身的值进行学习而来,一旦决定某个位置是特征像素,那么就将周围邻域的值进行与原始值相同的复制。

下面详细描述进化 Agent 的具体设计(吴柯等,2009)。首先,把要进行定位处理的遥感图像看作是一个二维栅格集,每一个栅格对应于一个子像素,每一个子像素都有其确定的类别标识值,进化 Agent 将会在这个图像环境中生存,当然,一个栅格只能提供一个进化 Agent 生存。在尺度 S 下,已知对应不同类别的地物类别丰度值,可以获得不同类别的子像元个数。初始条件下,亚像元分布情况是未知的,由于本书设计的进化 Agent 扩散和繁殖行为都是随机进行的,与此对应,每一个子像元的值也将随机分布在指定的栅格集里,如果属于该种端元,赋值为 1,如果不属于则赋值为 0,并要求它们相加的和等于像元里属于某种端元的亚像元数目。根据空间相关性理论,在每一个像元里面,不同子像元之间,距离较近的亚像元和距离较远的亚像元相比,更可能属于同一类型。在此,定义一个吸引力的概念,表示某个亚像元的位置下,进化 Agent 与进化 Agent 状态相同的邻域子像元之间的邻域吸引力值:

$$E_{(i,j)}^{(k,l)} = S - \sum_{m=-r}^{r} \sum_{n=-r}^{r} \left\{ \| G(i+m,j+n) - G(k,l) \| \right\} \qquad (5-10)$$

式中:S 为邻域吸引力最大值;

m、n 属于子像素 (i,j) 邻近区域的索引序号;

$G(k,l)$ 为 (k,l) 处的子像元值(随机赋值 0 或 1)。

随机赋给每个子像元一个初始值,进化 Agent 会首先探测它周围的环境情况,计算出周围像素与中心像素的一个吸引力值,看是否满足生存条件,从而执行相应的行为,这里的周围代表邻域。如图 5-13 所示,位于像素 p 位置的进化 Agent 的邻域是指:以 p 为中心、r 为半径的环形邻域,周围的 8 个相邻像素。如果一个进化

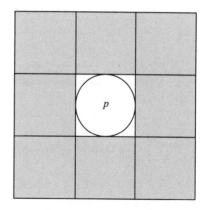

图 5-13 $r=1$ 时 p 的邻域

Agent 落到图像的一个栅格中时,它会检测它所处的环境,也就是邻域像素的值。

如果中心亚像元的吸引力 $E=8$ 满足最大,那么将执行繁殖行为,繁殖的方式是在 8 邻域方向上复制一系列的后代进化 Agent,将每一个邻域空间填满,并标定为与中心亚像元相同的值。

如果中心亚像元的吸引力 $S<8$,那么将在邻域以外的区域内按照随机的方式选择相应的位置,比较该位置与原中心的邻域吸引力,如果满足 $E_{(i,j)}^{(k,l)}>E_{(i,j)}^{(i,j)}$,那么进化 Agent 选择扩散方式,扩散到满足条件的那个新位置。如果 $E_{(i,j)}^{(k,l)}<E_{(i,j)}^{(i,j)}$,那么进化 Agent 继续搜索,并将这个位置进行抑止,使得后来的进化 Agent 不再进行重复搜索。

同时,进化 Agent 的周期是有限的,每扩散一次,其年龄增加 1,如果没有在生命周期内找到扩散的像素,那么该进化 Agent 保持原有状态不变,并在原始位置进行繁殖、标定。

图 5-14 是基于进化 Agent 模型的算法流程图。

5.5.2 进化 Agent 模型实验分析

1. 模拟数据实验

模拟图像的实验只选取两种不同的类别,分别是目标和背景,首先利用规则的简单图形进行实验,如图 5-15(a)所示,图像大小为 300×300,对原始影像重采样,采样比率为 $S=5$,采样后的一个像元中包含有 25 个亚像元,低分辨率影像为 60×60。利用本书进化 Agent 方法对新得到的低分辨率图像进行处理,算法迭代的次数设定为 200 次,使其还原成原始大小图像。由于规则图形对于各个尺度都可以很好地重建,重新得到的图像与原始图像差别非常小,结果图像不再列出。进一步验证算法在复杂图形上的有效性,使用不规则的模拟影像,如图 5-15(b)所示,同样选取图像大小为 300×300,以 MLC 分类方法得到的结果作为参考影像。对重采样后的模糊影像进行硬分类处理,得到的结果如图 5-15(c),由于混合像元的存在,在两种物体交界处出现了很不规则的形状。而利用本书所提出的算法进行求解,对边缘模糊的现象进行了修复,修复程度非常接近于原始参考影像,视觉效果令人满意。

2. 真实数据实验

选取前面章节所用到的长江三峡地区 ETM 影像作为实验数据(图 5-16)。利用均值滤波器对每个子图像进行模糊处理,模糊化的尺度因子 $S=5$,模糊后的分辨率为 80m×80m,如

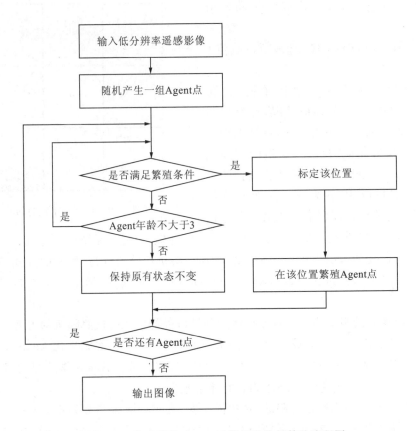

图 5-14　基于进化 Agent 亚像元定位的算法流程图

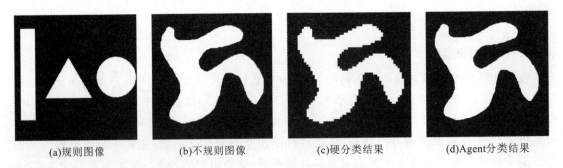

(a)规则图像　　　　(b)不规则图像　　　　(c)硬分类结果　　　　(d)Agent分类结果

图 5-15　模拟数据及其定位结果

果利用传统 MLC 方法对退化影像进行硬分类,得到的结果如图 5-16(c)所示。利用进化 Agent 的方法,首先计算出每一个原始像元里面对应不同类别的子像元个数,作为初始的 Agent 点,迭代 500 次,然后恢复的分类图如图 5-16(d)所示,可以看到:地物类别混杂的区域,定位的效果比较好。同时利用进化 Agent 的效率也比较高,对 400×400 的影像,实际所花费的时间才 10.2s。如果将模糊尺度因子 S 增加为 7 和 9,得到的结果分别为图 5-16(e)和(f),当尺度越大时,每一个像元所包含的子像元数目越多,得到的精度会相应地降低,这从图 5-16(d)(e)(f)中的目视效果比较可以看出来。

第五章 亚像元定位模型

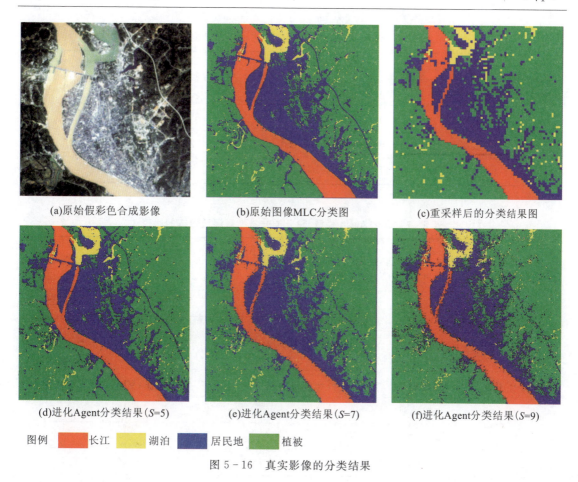

图 5-16 真实影像的分类结果

3. 定量结果分析

除了采用 3 个定量分析指标：总体精度评价 PCC(Percent Correctly Classified)、Kappa 系数和混淆矩阵以外，为了突出评价该方法的性能，这里再引入一个新指标 PCC′，它代表的是仅仅只计算在混合像元中被正确分类的亚像元，这样能够更好地评价亚像元定位结果的好坏。

从表 5-6 中的 PCC 值、PCC′值和 Kappa 系数结果可以看出：利用 Agent 进化模型对原始像元信息的估计比较准确，与直接硬分类的方法（MLC 方法）相比较，模拟影像和真实影像的分类精度分别提高了 4%、6%、23%、29%以及 10%、13%左右，因此可以看出，如果只计算混合像元里面被正确分类的亚像元精度 PCC′值，提高幅度大一些，同时，由于真实影像中混合像元所占的比例比较大，Kappa 系数与 PCC 值对应提高的幅度也要大一点。

在真实影像中的 4 种地物类别中，分别选取 100 个点作为混淆矩阵的训练样本。表 5-7 给出了利用 MLC 方法和 Agent 进化模型对退化的 TM 影像进行分类所得到的混淆矩阵，这里以 MLC 对原始影像进行分类得到的结果为标准，由于在退化的影像中包含有大量的混合信息，因此直接硬分类的方法难以得到精确的分类结果。可以看出：Agent 进化模型对这 4 种地物的分类精度都有所提高，其中对湖泊的分类精度提高的最多，由 53%提高到 85%。在这 4 种地物里面，由于湖泊是图像中含混合成分最多的地物，特别是在湖泊的边界位置，混合情况比较明显，因此两个方法的分类结果差别比较明显。

表 5-6 进化 Agent 模型、硬分类方法结果精度统计表

	模拟数据		真实数据	
	MLC	Agent	MLC	Agent
PCC	0.951	0.994	0.853	0.952
PCC′	0.752	0.981	0.529	0.812
Kappa	0.912	0.970	0.781	0.913

表 5-7 进化 Agent 模型、硬分类方法结果混淆矩阵的比较

方法		长江	居民地	植被	湖泊
MLC	长江	92	0	3	2
	居民地	1	90	20	30
	植被	6	8	75	15
	湖泊	1	2	2	53
Agent	长江	98	0	0	2
	居民地	0	97	6	9
	植被	1	2	93	4
	湖泊	1	1	1	85

实验结果表明,进化 Agent 技术能够快速有效地对混合像元中的亚像元进行定位。这种方法主要特点如下：Agent 的复制和扩散是随机的动态选择；适合一致性区域连通的局部区域,且不同区域的 Agent 点可以同时处理；容易描述和实现。以后的研究集中在如何保证 Agent 点以最快的方式完成给定的任务,以及定义 Agent 点繁殖和扩散的方向。

第六章 综合亚像元定位模型及应用

本章是遥感影像亚像元定位分析的重点章节,主要在基于神经网络的亚像元定位分析理论的基础上,提出多种组合算法进行分析。第一,将混合像元分解与亚像元定位组合起来,分析端元可变的综合性亚像元定位模型。第二,将图像处理中的超分辨率重建技术引入到遥感影像亚像元定位中来,并将该技术与 BP 神经网络模型进行结合,提出一种全新的 BPMAP 模型,表明该方法的可行性。第三,选取高分辨率遥感影像作为研究对象,从数据源的角度来考虑遥感影像的亚像元定位,结合 Fuzzy ARTMAP 神经网络模型,通过影像融合的方式,获取低分辨率影像的更多信息。第四,提出基于亚像元定位的变化检测模型,为亚像元定位技术的应用提供一种新的思路。

6.1 基于端元选择的综合亚像元定位模型

端元选择是混合光谱分解的第一步,变化的端元对混合光谱分解后的不同类别的组分会有直接的影响,从而影响亚像元定位结果的精度(Wu 等,2011)。此外,前面介绍的所有模型均是建立在混合像元分解的基础上,即亚像元定位模型均以混合像元分解结果作为输入,混合像元分解和亚像元定位这两个步骤是相互独立的。实际上,这两个步骤可以结合起来建立一个混合像元分析的综合模型。本书利用一个综合性的混合像元结合亚像元定位的综合模型来说明这种影响。在实验中为了避免不必要的误差干扰,我们将一幅真实的高光谱遥感影像利用滤波器进行降采样,获得一幅低分辨率的遥感影像。而原始影像的分类图将作为标准参考图像进行分析。综合性方法实验的流程图见图 6-1。

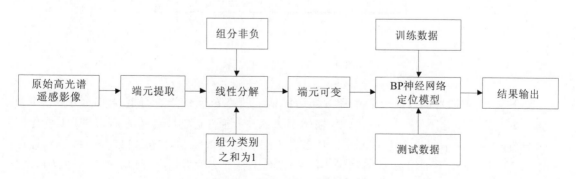

图 6-1 端元可变综合性实验的流程图

选择高光谱数字影像收集实验机载成像光谱仪(HYDICE)在华盛顿地区的城市影像作为本次实验数据。该数据有 210 个波段,光谱范围 $0.4\sim2.4\mu m$,包含可见光到近红外波段。除去水汽吸收波段,保留 192 个通道。从中截取一部分见图 6-2(a),该地区包括道路、草地、水体、树木和道路 5 个类别。由于处于比较干旱的季节,大部分草地几乎与裸露的土地混杂在一起,因此,比较难以区分。同时,还有阴影的存在,导致光谱特点与水体近似,这也增加了辨识的难度。在实验中,我们选择的降采样尺度为 4,利用均值滤波器把原始影像直接进行采样,得到如图 6-2(b)(c)。我们选择 N-FINDR 算法来自动提取端元光谱。水体、草地、植被、道路 4 个端元光谱见图 6-3。

  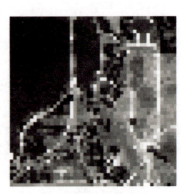

(a)原始彩色高光谱数据　　　(b)第20波段的全色影像　　　(c)降采样后的全色影像

图 6-2　真实影像

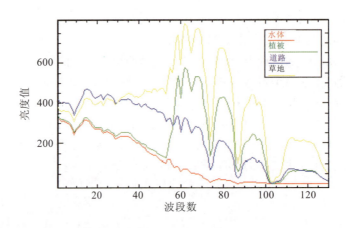

图 6-3　端元光谱的表示

接下来,全限制性的线性分解对降采样后的低分辨率影像直接进行混合像元分解。4 个类别的丰度组分图见图 6-4(a)~(d)。在本书方法中,将端元数目定义为 N,N 从 1 变化到 4,这样会产生 4 种不同的变化形式。如果 $N=1$,那么代表像元是纯净的,只有一种类别存在于该像元中,其他的类别组分为 0;如果 $N=2$,那么代表有 2 种类别进行组合,共 6 种($C_4^2=6$)不同的组合形式;如果 $N=3$,那么代表有 3 种类别进行组合,共 4 种($C_4^3=4$)不同的组合形式;

最后,当 $N=4$,代表该像元由所有端元共同混合。我们利用这4种方式进行分解,然后将它们组合在一起,得到整幅影像的分解结果图[图6-4(e)~(g)]。

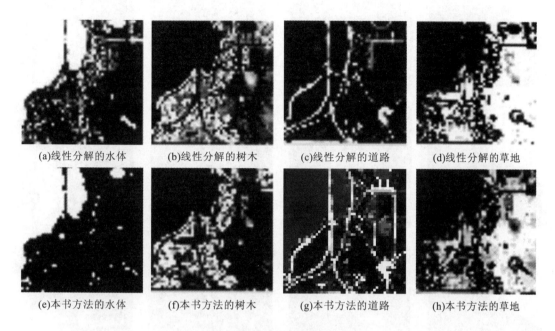

图6-4 4种类别的组分结果

以上的组分影像会被输入到BP神经网络模型里面进行亚像元定位。在实验中,BP神经网络的训练数据选择与测试数据相似的区域,同时,保持大致的空间相关性。这种相关性决定了最终测试结果的准确程度(Mertens,2003)。隐含层选择15,学习速率和动态调整参数设置为0.2和0.9,并选择500个训练样本。经过2000次训练后,网络模型迭代终止。

图6-5(a)~(d)表示真实的参考二值图像。选择直接硬分类后的结果与前面两种组分输入后的定位结果进行比较,不难发现,这3种定位结果有很大的不同。图6-5(e)~(h)表示降采样后的影像硬分类后的结果,图中表示的大部分位置都存在边缘模糊的现象,而且丢失了很多亚像元信息。比如,在图6-5(a)中有大量的离散点分布在图像的右下方。在图6-5(m)中,完全被平滑掉了。图6-5(i)~(l)表示直接线性分解后进行亚像元定位的结果,显然它们比直接硬分类的效果要好得多,补偿了大部分缺省信息。最后一组图6-5(m)~(p)是通过端元选择后的亚像元定位结果。在细节信息上,该方法比前者更有优势,与原始参考图像更加接近。比如,在图6-5(k)中一些小道几乎消失了,但是在图6-5(o)中新的方法很好地重建了这些信息,因此证明基于端元可变的亚像元定位结果更加真实可行。

精度评价选择Kappa系数和总体精度作为评价标准。对比表6-1~表6-3中可以看出,本书的方法有一个很大的提高。总体精度由直接硬分类的86.27%,到线性分解后的亚像元定位的90.21%,再到端元选择后的亚像元定位结果93.09%。其中,增加端元可变的约束后,亚像元定位的总体精度大致提升了2.88%。另外,Kappa系数由直接硬分类的0.8163,到线性分解后的亚像元定位的0.8671,再到端元选择后的亚像元定位结果的0.9103。

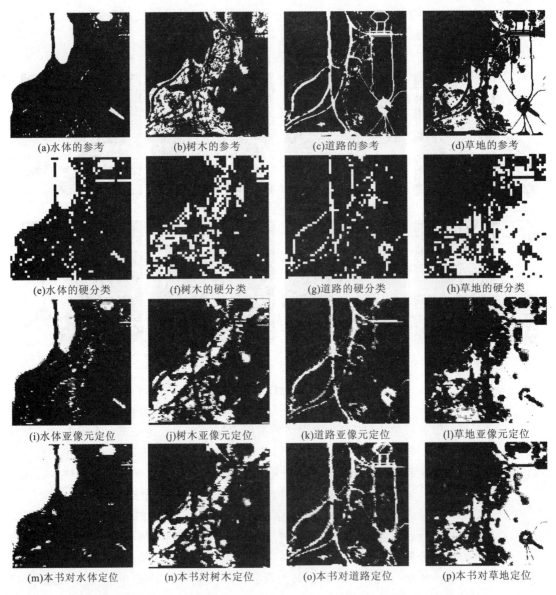

图 6-5　参考影像、硬分类图像、直接线性分解后和端元选择后的亚像元定位结果

表 6-1　硬分类结果

	水体	植被	道路	草地	总体
未分类	0	0	0	0	0
水体	10 701	102	236	175	11 214
植被	186	6923	1139	1127	9375
道路	85	98	3216	768	4167
草地	92	764	526	13 669	15 051
总体	11 068	8067	5117	15 739	40 000

注：总体精度为 86.27%；Kappa 系数为 0.8163

表 6-2 直接线性分解后的亚像元定位结果

	水体	植被	道路	草地	总体
未分类	10	23	25	30	88
水体	10 872	108	212	155	11 347
植被	73	7159	866	1049	9147
道路	31	84	4160	612	4887
草地	82	693	348	13 893	15 016
总体	11 068	8067	5117	15 739	40 000

注：总体精度为 90.21%；Kappa 系数为 0.8671

表 6-3 端元选择后的亚像元定位结果

	水体	植被	道路	草地	总体
未分类	8	31	10	23	72
水体	10 907	97	110	116	11 230
植被	96	7218	113	963	8390
道路	15	69	4839	387	5310
草地	42	652	45	14 273	15 012
总体	11 068	8067	5117	15 739	40 000

注：总体精度为 93.09%；Kappa 系数为 0.9103

6.2 基于超分辨率重建的神经网络亚像元定位模型

高分辨率的影像能够更加详细地表示景物的细节信息，在诸多领域（如计算机视觉、遥感、医学等）都有着广泛的应用。利用影像超分辨率重建技术，可以在不改变成像系统的前提下，实现提高影像空间分辨率的目的，不但可以改进影像的视觉效果，而且对影像的后续处理，如特征提取、信息识别等，都具有十分重要的意义，其主要应用有日常应用、视频监控、医学诊断、遥感应用、生物信息识别、视频压缩等。

影像超分辨率重建实际上与数字图像处理领域中的一些影像处理技术比较相近，例如，影像复原和影像增强等。它们的共同特点都是要对影像进行去噪、去模糊，利用处理后增加的像元信息对模糊和噪声进行恢复。目前，通过软件途径得到高分辨率影像的超分辨率重建技术已经成为人们广泛研究的热点，单幅影像的超分辨率重建技术经过长期的发展已经形成一套统一的理论框架（张新明和沈兰荪，2002）。其中，观测模型是超分辨率重建的基础，它描述了低分辨率图像和所求的高分辨率图像之间的关系，每一种超分辨率重建方法都必须基于一种假定模型。

在影像超分辨率重建中,观测影像即为低分辨率影像,理想影像即为所求的高分辨率影像,可以认为观测影像是由一幅高分辨率影像经过一系列的降质过程产生的,降质过程包括几何运动、光学模糊、亚采样以及附加噪声等过程。如果用矢量 z 表示所求的高分辨率影像,g 表示某一幅低分辨率影像,一个常用的影像观测模型为:

$$g = DBMz + n \tag{6-1}$$

式中:M 为几何运动矩阵;

B 为模糊矩阵;

D 为亚采样矩阵;

n 为附加噪声。

如果我们考虑消除模糊函数对影像的影响(没有运动、模糊和重采样过程),即去掉运动矩阵和模糊矩阵,可以看成是方程(6-1)的特殊情况,即:

$$g = Bz + n \tag{6-2}$$

6.2.1 重建模型

超分辨率重建问题首先由 Tsai 和 Huang 提出,他们以傅立叶变换为基础框架,给出了一个利用多幅欠采样影像重建一幅高分辨率影像的频率域方法(Tsai,1984)。Kim 等(1993)对其方法进行了改进,进一步顾及了噪声和光学模糊的影响。此外,在频率域中也产生一些基于离散余弦变换(Rhee,1999)和小波变换(Nguyen and Milanfar,2000;Chan 等,2003)的方法。然而,超分辨率重建技术在空间域得到了迅速的发展,产生了多种经典的超分辨率重建模型框架(沈焕锋,2007)。图 6-6 为高、低分辨率影像的简略像素坐标图,重建比率为 1.5。

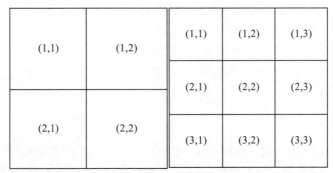

图 6-6 低分辨率影像和高分辨率影像的像素坐标

如果将低分辨率影像的像素 $Y(1,1)$ 投影到高分辨率影像的像素坐标中,它将覆盖高分辨率影像像素 $X(1,1)$ 的全部,$X(1,2)$ 和 $X(2,1)$ 的 1/2 及 $X(2,2)$ 的 1/4,由此可得如下方程:

$$Y(1,1) = [X(1,1) + 0.5X(1,2) + 0.5X(2,1) + 0.25X(2,2)]/\rho^2 \tag{6-3}$$

式中:$Y(1,1)$ 为低分辨率影像像素值;

$X(1,1)$、$X(1,2)$、$X(2,1)$、$X(2,2)$ 为高分辨率影像的像素值;

ρ 为重建比率。

通过此方法,对每一个低分辨率影像的像素都可以建立一个观测方程,组成观测方程组。于是,观测模型的表达式可以写为:

$$y = Ax + n \tag{6-4}$$

式中:y 为低分辨率影像像素矩阵;

x 为高分辨率影像像素矩阵;

A 为系数矩阵;

n 为附加的噪声。

以上观测模型可以推广到亚像元定位方法中,把一幅经过重采样模糊化后的影像,当作一幅低分辨率影像,对影像进行混合像元分解,然后将每一个子图像进行超分辨率影像重建(图6-7)。这是一个简单的示意图,其中包含两种不同的端元组分,分别用黑色和白色圆圈来表示,图6-7(a)是原始的2×2像元栅格图,表示分解后的一幅分解丰度图像,其中每一个像元里面标明的数字代表端元组分在该像元中的百分比含量。图6-7(b)表示将原始像元分割成4×4的亚像元,使每一个亚像元的面积等于原始像元面积的1/16。图6-7(c)通过对同一位置的亚像元所占不同成分的百分比值进行比较,计算出原始像元中亚像元的个数,以对亚像元定位。例如,图中占端元比例25%的像元,可以求解出每一个亚像元的值(这里用×符号来表示),最后,在亚像元分布图中定位出4个亚像元(黑色圆圈)来代表这一种端元类型,而其他的12个亚像元(白色圆圈)代表其他的端元类型。所以,定义图6-7中(a)为低分辨率影像,(b)为高分辨率影像,建立观测模型,重建比率 ρ=4,低分辨率影像每一个像元包含高分辨率影像的16个亚像元,由此建立方程组。

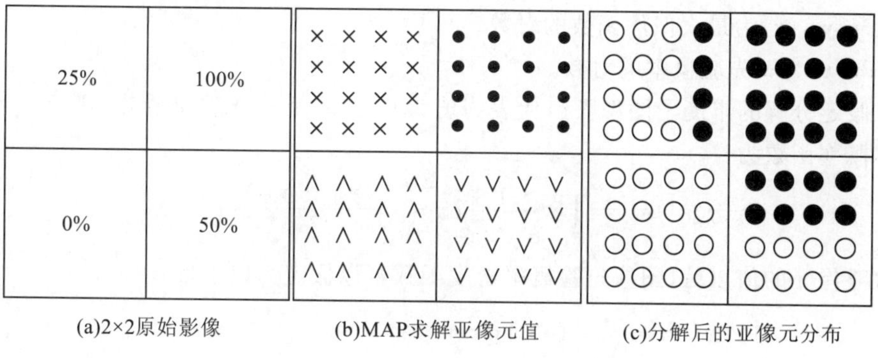

图 6-7 亚像元定位模型示意图

(a)2×2原始影像　(b)MAP求解亚像元值　(c)分解后的亚像元分布

6.2.2 改进的 BPMAP 亚像元定位方法

前面我们介绍了 BP 神经网络通过训练与目标类型相邻近的像元,确定网络参数,从而获得最终的定位结果。在该理论基础的影响下,模型获取的结果与初始训练数据的选择存在着很大的关系,一旦选择的训练数据不够准确或者当存在网络训练不充分的时候,其最终结果无论在精度上,还是在细节信息上,都是比较有限的,同时网络中的全局代价函数存在着多个极值点,使得输出结果容易陷入局部最小,产生"麻痹"现象,这些误差无法从网络本身得以解决(Zhang 等,2008;吴柯等,2010)。

针对这一问题，本书结合超分辨率重建理论，提出一种全新的 BPMAP 组合亚像元定位模型，试图最大限度地消除利用 BP 神经网络定位获得结果的误差。该模型主要是利用后验概率估计（MAP）方法对 BP 神经网络定位后的图像再进行迭代分析，在低分辨率与高分辨率影像之间建立起观测模型，去除在之前的定位过程中产生的误差。假如影像中含有 N 种不同的地物类别，那么通过以上的 BP 神经网络模型可以获得 N 幅不同类型的高分辨率影像，设定其中一幅影像是 x_{BP}，此时的观测模型可以定义为：

$$y_{BP} = Ax_{BP} + n \tag{6-5}$$

其中，n 表示在亚像元的定位过程中所产生的各种误差。

这里，MAP 高分辨率影像恢复可以定义为：在已知 BP 亚像元定位结果的前提下，使恢复到最佳的亚像元定位图像所出现的后验概率达到最大。因此，最大后验估计方法（MAP）又称为贝叶斯方法（Lee and Gauvaii,1993；Gauvainand Lee,1994），它根据贝叶斯准则，提供了一条途径来把与应用相关的数据，以一种最优的方式组合到初始模型中，即：

$$\hat{x}_{MAP} = \arg\max_x [\Pr\{x \mid y_{BP}\}] \tag{6-6}$$

根据贝叶斯公式，有：

$$\hat{x}_{MAP} = \arg\max_x \left[\frac{\Pr\{y_{BP} \mid x\}\Pr\{x\}}{\Pr\{y_{BP}\}} \right] \tag{6-7}$$

由于分母对结果没有影响，可以直接消去：

$$\hat{x}_{MAP} = \arg\max_x [\Pr\{y_{BP} \mid x\}\Pr\{x\}] \tag{6-8}$$

对上式右端取对数得：

$$\hat{x}_{MAP} = \arg\max_x [\log\Pr\{y_{BP} \mid x\} + \log\Pr\{x\}] \tag{6-9}$$

式中：$\log\Pr\{y_{BP} \mid x\}$ 为最大似然函数的对数；

$\log\Pr\{x\}$ 为 x 先验概率的对数。

可以假定分解的丰度子图像噪声代表均值为 0、方差为 σ_k^2 的高斯噪声，则 $\hat{x}$ 对 y_{BP} 进行估计的整体概率函数为：

$$\Pr(y_{BP} \mid x) = \prod_{\forall x,y} \frac{1}{\sigma\sqrt{2\pi}} \exp\left(-\frac{(\hat{y}_{BP} - y_{BP})^2}{2\sigma^2}\right) \tag{6-10}$$

获取亚像元的值以后，图像先验概率密度函数可以假定为以下形式：

$$\Pr(x) = \exp\left[-\left(\frac{1}{\lambda}\|Qx\|^2\right)\right] \tag{6-11}$$

式中：λ 为温度参数，用来控制概率密度分布的尖峰；

Q 为一线性高通滤波算子。

一般选择如下的二维拉普拉斯算子：

$$\frac{\partial^2 f(x,y)}{\partial x^2} + \frac{\partial^2 f(x,y)}{\partial y^2} = f(x+1,y) + f(x-1,y) + f(x,y+1) + f(x,y-1) - 4f(x,y) \tag{6-12}$$

把式（6-10）和式（6-11）代入式（6-9），得：

$$\hat{x}_{MAP} = \arg\max\left[\log\frac{N}{\sigma\sqrt{2\pi}} - \sum\frac{(\hat{y}_{BP} - y_{BP})^2}{2\sigma^2} - \frac{1}{\lambda}\|Qx\|^2\right] \tag{6-13}$$

在式（6-13）中，等号右端括号内第一项为常数项，可以直接消除；再把其余两项的负号改

为正号,即可以把以上极大化问题转换为如下的极小化问题:

$$\hat{\boldsymbol{x}}_{\text{MAP}} = \arg\min\left[\sum(\hat{\boldsymbol{y}}_{\text{BP}} - \boldsymbol{y}_{\text{BP}})^2 + \frac{2\sigma^2}{\lambda}\|\boldsymbol{Q}\boldsymbol{x}\|^2\right] \quad (6-14)$$

设 $\alpha = \dfrac{2\sigma^2}{\lambda}$,得:

$$\hat{\boldsymbol{x}}_{\text{MAP}} = \arg\min[\|\boldsymbol{y}_{\text{BP}} - \boldsymbol{A}\boldsymbol{x}_{\text{BP}}\|^2 + \alpha\|\boldsymbol{Q}\boldsymbol{x}\|^2] \quad (6-15)$$

由式(6-5)和式(6-6),即:

$$\hat{\boldsymbol{x}}_{\text{MAP}} = \arg\min[\|\boldsymbol{y}_{\text{BP}} - \boldsymbol{A}\boldsymbol{x} - \boldsymbol{n}\|^2 + \alpha\|\boldsymbol{Q}\boldsymbol{x}\|^2] \quad (6-16)$$

式中:α 为正则化参数。

使上式达到最小的必要条件是 $\|\boldsymbol{y}_{\text{BP}} - \boldsymbol{A}\boldsymbol{x} - \boldsymbol{n}\|^2 + \alpha\|\boldsymbol{Q}\boldsymbol{x}\|^2$ 对 x 的偏微分为 0,即:

$$2\boldsymbol{A}^{\text{T}}\boldsymbol{A}(\boldsymbol{A}\boldsymbol{x} - \boldsymbol{y}_{\text{BP}} + \boldsymbol{n}) + 2\alpha\boldsymbol{Q}^{\text{T}}\boldsymbol{Q}\boldsymbol{x} = 0 \quad (6-17)$$

整理得:

$$(\boldsymbol{A}^{\text{T}}\boldsymbol{A} + \alpha\boldsymbol{Q}^{\text{T}}\boldsymbol{Q})\boldsymbol{x} = \boldsymbol{A}^{\text{T}}(\boldsymbol{y}_{\text{BP}} - \boldsymbol{n}) \quad (6-18)$$

求解过程中,由于大计算量和奇异矩阵的影响,一般通过迭代过程来寻求上式的最优解。在迭代求解过程中,我们采用如下公式对亚像元求解后的图像进行更新:

$$\boldsymbol{x}_{k+1} = \boldsymbol{x}_k + [\boldsymbol{A}^{\text{T}}(\boldsymbol{y}_{\text{BP}} - \boldsymbol{n}) - (\boldsymbol{A}^{\text{T}}\boldsymbol{A} + \alpha\boldsymbol{Q}^{\text{T}}\boldsymbol{Q})\boldsymbol{x}_k] \quad (6-19)$$

选取 BP 神经网络定位图像 X_{BP} 作为初始高分辨率影像值,带入方程(6-19),当相邻两次迭代求解重建图像的差异小于设定阈值时,就中止迭代,中止条件为:

$$\|\boldsymbol{x}_{k+1} - \boldsymbol{x}_k\|^2 / \|\boldsymbol{x}_k\|^2 \leqslant d \quad (6-20)$$

式中:d 为中止迭代的阈值。

综上所述,改进的 BPMAP 亚像元定位的方法主要分为以下几个步骤:

(1)采用基于 BP 神经网络的亚像元定位模型对不同的丰度组分影像进行亚像元定位,获得初始高分辨率影像图。

(2)选择原始的分解影像与定位的高分辨率影像构成一一对应的关系,确定重建比率,并列出观测方程组,方程组中的未知量是高分辨率影像像素值。

(3)以初始 BP 高分辨率影像图作为已知条件,建立最大后验估计(MAP)模型。通过迭代运算,得出属于不同类别的高分辨率子影像的值。

(4)将像元中各个亚像元的值进行比较,按照从大到小的顺序排序,重新赋值为 1 或 0,直到满足目标类别的个数为止。

(5)最后对所有不同的子图像进行合并分析,显示出最终的分类结果图。

6.2.3 实验及比较分析

1. 模拟数据

模拟图像是源于 Mertens 等(2003),如图 6-8(a)所示,在实验中只选取了两种不同的类别:目标和背景。由于 BP 模型可以利用非研究区的类似图像来进行训练演化,以确定演化规则,所以这里采用图 6-8(b)中的三尖瓣的图像数据来进行训练网络。对原始影像重采样,采样比率为 $S=4$,采样后的一个像元中即包含有 16 个亚像元,如果直接将采样后的原始模糊影像进行硬分类处理,得到的结果如图 6-8(c)所示,由于在两种物体的交界处存在大量的混合像元,所以得到的结果是一幅细节信息大量丢失,而且非常不整齐的定位分类图。图 6-8(d)

是利用传统 BP 神经网络模型进行亚像元定位后得到的分类图。图 6-8(e)是利用将 BPMAP 模型求解所得到的结果。通过与原始图像[图 6-8(a)]相比较,显然图 6-8(b)的结果是最差的,图 6-8(c)和(d)更加接近于原始图像,但是,前者在圆弧边缘处出现了锯齿的现象,说明在对丰度图像进行亚像元定位时,两种不同类别地物之间存在误判;而利用 BPMAP 模型的结果对这种边缘锯齿状的现象进行修复后,修复程度非常接近于原始参考影像,视觉效果令人满意。

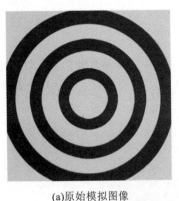
(a)原始模拟图像

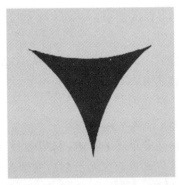
(b)训练的三尖瓣图像

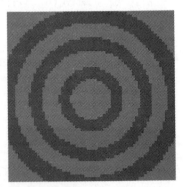
(c)重采样后的分类

(d)BP神经网络定位结果

(e)BPMAP模型定位结果

图 6-8 模拟数据的分类结果

2. 真实数据

本书仍然选取武汉地区实验影像进行实验,处理时,首先对原始影像利用 MLC 分类器进行分类,以其作为参考影像,得到的分类结果如图 6-9(b)所示,为了获取网络模型所需要的参数,需利用训练区数据对模型进行训练。利用均值滤波器对每个丰度图像进行模糊处理,模糊化的尺度因子同样选取 4。采用硬分类 MLC 方法、BP 神经网络模型、BPMAP 定位模型处理的结果分别如图 6-9(c)~(e)。从目视效果来看,利用 BP 神经网络模型恢复的图像,明显好于硬分类结果的图像。但是,在一些空间自相关较弱的零散破碎的目标上以及边缘地区,仍然存在一些锯齿状噪声和误判的现象。BPMAP 模型消除了这种比较模糊的现象,保证了图像的连续性和细节。图 6-9(f)~(i)分别是分类参考、硬分类、BP 网络定位、BPMAP 定位放大 6 倍后的图像,可以更清晰地看出,利用 BPMAP 模型最接近参考图像,而且将 BP 模型定位结果的湖泊中的大量噪声消除,效果显著。

第六章 综合亚像元定位模型及应用

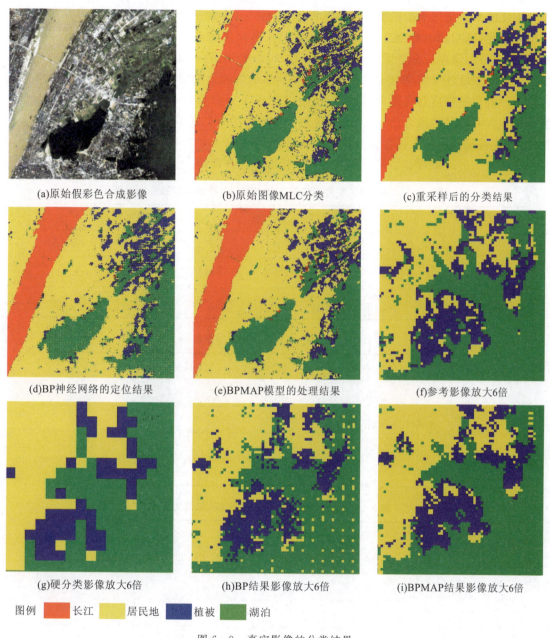

图 6-9 真实影像的分类结果

3. 定量比较分析

下面给出了利用硬分类方法 MLC、BP 神经网络模型、BPMAP 模型 3 种方法对上述模拟和真实影像进行处理后的定量分析结果。

从表 6-4 中的 PCC 值和 Kappa 系数结果可以看出：利用 BPMAP 模型对原始像元信息的估计比较准确，模拟影像和真实影像的分类精度分别提高了 8% 和 14% 左右，比直接利用 BP 神经网络进行估计的结果也提高了 2% 和 3% 左右。真实影像由于混合像元所占的比例较大，因此 Kappa 系数与 PCC 值提高的幅度也要大一点。对于真实影像中的 4 种地物类别，分别选取 100 个点来作为混淆矩阵的训练样本。表 6-5～表 6-7 给出了分别利用 MLC 方法、BP 神经网络模型和 BPMAP 模型对退化的 TM 影像进行分类所得到的混淆矩阵。这里以 MLC 对原始影像进行分类得到的结果为标准,可以看出:在利用最后一种方法得到的分类图像中,4 种地物的分类精度要比前两种方法得到的结果的分类精度高,并且对植被这一类别地物(蓝色)的分类精度提高得最多,由 66% 提高到 88%。结合图 6-9 进行分析,由于在退化的影像中包含有大量的混合信息,因此直接硬分类的方法难以得到精确的分类结果。在这 4 种地物中,植被是图像中含混合成分最多的地物,特别是在植被与城区和湖泊的交界位置,正是地物比较复杂的区域,因此,使得植被的分类精度也提高得最多。

表 6-4 MLC、BP 神经网络模型和 BPMAP 模型结果精度统计表

	模拟数据			真实数据		
	MLC	BP	BPMAP	MLC	BP	BPMAP
PCC	0.907	0.961	0.986	0.770	0.882	0.911
Kappa	0.813	0.872	0.891	0.718	0.806	0.820

表 6-5 MLC 分类结果混淆矩阵

样区	长江	湖泊	植被	城区
长江	89	9	7	2
湖泊	8	86	8	6
植被	3	4	66	21
城区	0	1	19	71

表 6-6 BP 神经网络模型定位结果混淆矩阵

样区	长江	湖泊	植被	城区
长江	95	3	0	2
湖泊	2	90	6	8
植被	2	6	82	10
城区	1	1	12	79

表 6-7 BPMAP 模型定位结果混淆矩阵

样区	长江	湖泊	植被	城区
长江	98	3	0	4
湖泊	2	92	4	8
植被	0	4	89	5
城区	0	1	7	83

6.3 基于融合技术的神经网络亚像元定位模型

传统监督型神经网络进行亚像元定位的考虑角度基本一样,尽管可以通过多次的训练来获取比较精确的定位结果,但是获取的精度总是非常有限,特别是当重建尺度大的时候,由于信息源只能通过原始 MS 影像来获取,数据不够充分,所得到的结果精度往往不能满足要求。如果在遥感影像亚像元定位的过程中,能够有其他的信息源加入遥感影像亚像元定位模型作为有效的补充,那结果精度一定会大大提高。

遥感影像数据融合是一种数据综合处理技术,它能够对不同空间分辨率、不同波谱分辨率的遥感影像进行综合利用,使获得观测地区或目标的信息更加完整与准确,弥补了单一信息源的缺陷(Chavez 等,1991;Gross and Schott,1998;Robinson 等,2000;Ranchin 等,2003)。利用该技术,可以将低空间分辨率、高光谱分辨率的影像与高空间分辨率、低光谱分辨率的影像组合成一幅同时具有高空间分辨率与高光谱分辨率的影像。最典型的例子就是将同一个传感器获得的全色影像和多光谱影像进行融合,得到高空间分辨率的多光谱影像,该融合影像比原始影像的信息更加丰富,为我们提供了一个额外的补充信息。

作者尝试用融合影像代替原始影像,提高其分辨率,然后对高分辨率的融合影像通过线性反向推导公式,求解其对应每个端元类别的百分比,以其作为神经网络的输入端。这样获得的混合分解结果包含了融合影像的信息,显然,其分辨率要比原始 MS 影像的混合分解结果的分辨率高,然后利用 Fuzzy ARTMAP 神经网络亚像元定位模型进行定位,期望获得更好的结果。主要的改进步骤包括以下几个方面。

6.3.1 Gram–Schmidt 光谱融合

遥感影像数据融合常用到的几种方法是:彩色合成、HIS 变换、主成分分析、小波变换等。由于本书方法要以融合影像作为额外的信息源,因此为了避免融合后的影像失真造成结果的误差,选取高保真的影像融合算法来进行处理是非常有必要的,这里选取 Gram–Schmidt 光谱融合方法。实际上,它是一种线性代数和多元统计中常用的方法,主要是通过对矩阵或多维影像进行正交化,从而消除冗余信息,得到最优解(Munechika 等,1993;Wald 等,1997;Gross and Schott,1998;Liu,2000;Laben and Brower,2000)。它的主要步骤如下:

(1)使用多光谱低空间分辨率影像对高分辨率波段影像进行模拟,模拟的高分辨率影像作为第一分量进行 GS 变换,这样使得信息失真少。

(2)通过调整高分辨率波段影像统计值来匹配 GS 变换后的第一分量,产生修改后的高分辨率影像,修改方法不再赘述。

(3)将修改后的高分辨率波段影像代替 GS 第一分量,产生新的数据集。

(4)进行反 GS 变换,即可产生空间分辨率增强的多光谱影像。该方法的优点在于产生的高空间分辨率多光谱影像不仅保持了低分辨率光谱的特性,且信息失真小。

为了考察该融合方法对光谱的保真情况,选取南京地区 SPOT5 影像中的一块子区域,主要包含 3 种不同地物(水体、植被、城区),图 6-10 列出了原始图像的光谱曲线和融合后的图像光谱曲线。将两幅图进行对比可以发现:利用 Gram–Schmidt 变换方法,不仅同一地物的

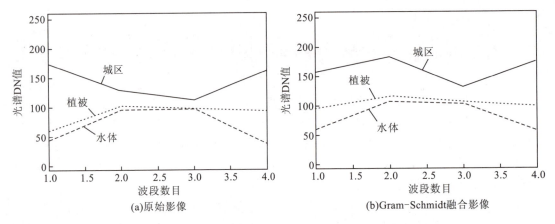

(a)原始影像　　　　　　　　　　(b)Gram-Schmidt融合影像

图6-10　融合前后典型地物光谱曲线对比

波谱曲线形状没有发生变化,而且不同地物波谱之间的相对关系也保持良好。

6.3.2 选取非固定的本地纯净端元

在已知融合影像每个像元的光谱值 r 后,由于在融合过程中改变了各个波段的光谱值,因此这里选择本地纯净端元 S:对于每一个融合影像中的像元,选取对应于原始影像中的 8 领域像元来列出方程,再采用最小二乘求解出结果。然后,利用线性光谱混合分析模型,通过模型反演可以求得高分辨率单个像元内各个端元组分的丰度。

考虑到融合后的结果是一幅空间范围扩大的高分辨率图像,因此,在融合影像中不同区域的端元光谱 DN 值是不一样的。以南京地区 SPOT5 影像为例,图 6-11 表示为原始影像经过 Gram-Schmidt 光谱融合处理后的直方图对比情况。可以从各个波段的直方图统计中看出,融合前后的影像光谱有一个大面积的变化,因此,如果仍然把固定的纯净端元的光谱值应用到整幅影像上是不准确的。一般情况下,我们知道相邻像元应当更可能属于同一像元,所以选择不固定的本地纯净端元来对分别对每个区域进行分解会更加精确(Foody,1998;Schackelford 和 Davis,2003)。具体实现的步骤如下:

选择融合影像中的像元 R',坐标是 (m,n),对应于原始影像中的像元坐标 (x,y),并且会

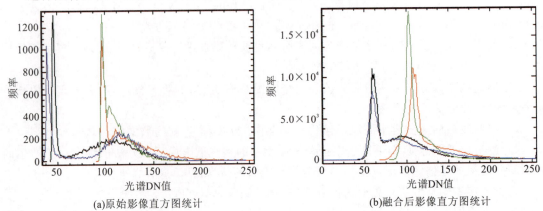

(a)原始影像直方图统计　　　　　　(b)融合后影像直方图统计

图6-11　融合前后影像直方图对比

满足$(x=(\text{int})m/f, y=(\text{int})n/f)$,其中,$f$为尺度大小。在融合影像中,对应 8 邻域的中心像元,同样可以列出类似的 8 个方程,那么对每一个波段及像元可以得到如下的方程:

$$R_{B_i}^{xy} = PS_{B_i} \tag{6-21}$$

即:
$$R_{B_i}^{xy} = S_{B_iC1}P_{C1}^{xy} + S_{B_iC1}P_{C2}^{xy} + \cdots + S_{B_iC1}P_{Cc}^{xy} \tag{6-22}$$

式中:$R_{B_i}^{xy}$为在第 B_i 波段下坐标是(x,y)的光谱值;

$P_{C1}^{xy}, P_{C2}^{xy}, \cdots, P_{Cc}^{xy}$为对应于每个纯净端元的组分比:

$$P = \begin{bmatrix} P_{C1}^{(x-1)(y-1)} & \cdots & P_{Cc}^{(x-1)(y-1)} \\ \cdots & & \cdots \\ P_{C1}^{xy} & \cdots & P_{Cc}^{xy} \\ \cdots & & \cdots \\ P_{C1}^{(x+1)(y+1)} & \cdots & P_{Cc}^{(x+1)(y+1)} \end{bmatrix} \tag{6-23}$$

$S_{B_iC1}, S_{B_iC2}, \cdots, S_{B_iCc}$为在第 B_i 波段下本地纯净端元光谱值,根据最小二乘法,可以得出对应的一个本地纯净端元光谱值为:

$$S_{B_1} = (P^TP)^{-1}P^TR_{B_1} \tag{6-24}$$

在求解过程中,为了强调对应像元(x,y)对纯净端元光谱的贡献,加入一个权重因子 W,那么以上方程可以改为:

$$S_{B_1} = (P^TWP)^{-1}WP^TR_{B_1} \tag{6-25}$$

其中,

$$W = \begin{bmatrix} w^{(x-1)(y-1)} & 0 & 0 & 0 & 0 \\ 0 & \cdots & 0 & 0 & 0 \\ 0 & 0 & w^{xy} & 0 & 0 \\ 0 & 0 & 0 & \cdots & 0 \\ 0 & 0 & 0 & 0 & w^{(x+1)(y+1)} \end{bmatrix} \tag{6-26}$$

6.3.3 改变神经网络的输入端

前面章节已经描述过利用 Fuzzy ARTMAP 神经网络进行遥感影像亚像元定位的具体算法,如果直接利用神经网络对原始 MS 影像进行处理,一般会定义网络的输入端为 9 个神经元,即中心像元以及 8 邻域像元,但是采用融合信息的影像进行亚像元的定位,则需要改变神经网络的输入端。例如,假设融合尺度为 2,融合后的影像空间分辨率提高了两倍,那么相对应的神经网络输入端改变为 16 个像元,即:中心 4 个像元和邻域 12 个像元,而对应的输出端不变(图 6-12)。

综上所述,进行亚像元定位的方法能够采用如下的流程图来表示(图 6-13)。

6.3.4 实验与结果分析

在前面的实验中,选取的均是中低分辨率的卫星影像数据作为研究对象,这是由于这些影像中包含有大量的混合像元。传感器技术的发展使我们可以得到空间分辨率不断提高的遥感影像,与低空间分辨率的影像相比较,高分辨率影像(如 SPOT5:2.5m;QuickBird:0.7m)可以获得观测地物更加丰富的细节信息,这使人们第一次有了获得城市现状及其发展变化的每一个角落真实场景的廉价数据的机会,这种数据给对政府决策、城市规划、房地产开发、测绘、土

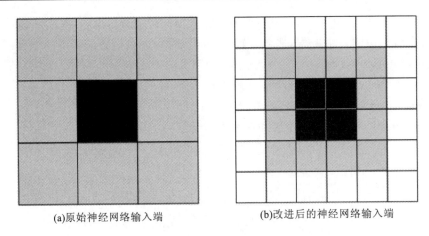

(a)原始神经网络输入端　　(b)改进后的神经网络输入端

图 6-12　神经网络输入端

实验过程

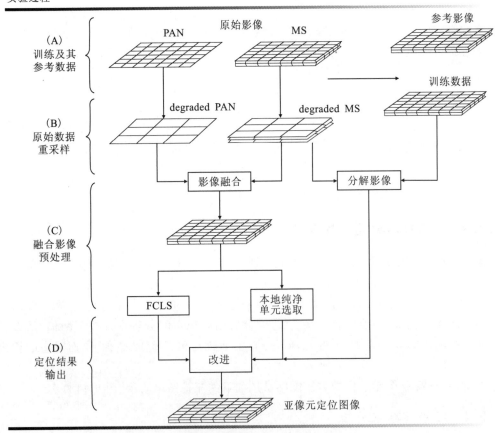

图 6-13　基于融合影像的实验流程图

地等提供巨大的参考和决策价值。同时高分辨率数据还可在精细农业、灾害防治、农业规划,尤其是估计土地覆盖面积等方面有广泛的应用前景。

虽然遥感影像的空间分辨率得到了很大的提高,仍然不可避免地存在着混合像元的情况。

例如,在较小的空间尺度上观察地表的细节变化、进行大比例尺遥感制图以及监测人类活动对环境的影响,这些都有可能会受到混合像元的影响;同时,城市中的一些小目标物体(如树木、房屋、道路等)混合的现象,也会给遥感图像解译造成极大的困扰。在这里选取北京的高分辨率遥感影像 QUICKBIRD 进行实验分析。在影像中截取一块大小为 52×52 的影像作为分析区域(图 6-14),多光谱影像分辨率为 2.8m,全色影像的分辨率为 0.7m。在获得原始数据之前,两幅影像之间已经进行了绝对地面点的配准,校正误差在 0.25 个像元以内,并且确定影像中主要包含 3 种不同的类别:道路、草地和房屋。

首先对这两幅原始影像进行重采样处理,重采样的尺度为 4,得到的是两幅低分辨率的影像,分辨率分别为:11.2m 和 2.8m,将其作为待处理的影像。对低分辨率的 MS 影像进行混合像元分解,得到 3 个不同类别的组分影像,作为亚像元定位的数据源。参考图像是对原始 PAN 影像进行分类后获得,代表 3 种不同的地物类别的分布情况,其分辨率为 0.7m。

直接利用 Fuzzy ARTMAP 神经网络对模拟的低分辨率影像进行 3 种不同类别地物的亚像元定位。为了获取网络模型所需要的参数,需利用训练区数据对模型进行训练。如果是选择以上章节中的实验方法,直接对降采样后的 MS 图像进行混合像元分解,由于此时重建比例过大($S=16$),分解结果的误差对定位效果的影响会非常大,所以为了避免多光谱影像与全色波段影像之间的配准误差,直接将原始高分辨率全色波段影像进行降采样,采样比例为 16 倍,然后利用该数据进行神经网络模型的训练。令 Fuzzy ARTMAP 网络模型的选择参数 $\alpha=10^{-6}$,ART_a 的初始域值 $\overline{\rho_a}=0.00001$,$ART_b$ 警戒参数 $\rho_b=0.98$,匹配参数 $\varepsilon=0.01$,当训练达到一定次数,权值收敛后,训练完毕。最终测试得到的结果如图 6-14(i)(j)(k)所示,从目视效果上与参考图相比较,可以看出类别的定位结果在这 3 种地物类别的边缘处存在大量不稳定的噪声。

按照本书改进后的方法,首先将两个低分辨率的影像进行 GS 融合,然后选取本地端元,采用全限制性分解来获取融合影像的端元组分,以该组分值作为输入,对网络进行训练后,从视觉的比较上可以明显看出,得到的结果好于直接用神经网络进行求解的结果。在一些地物复杂混合的比较多,以及少数一些零碎的区域改进方法提高的尤其明显,比如在房屋边缘处,不稳定的噪声大量减少,这说明加入融合影像的信息后,模型得到了比较充分的训练,在对边缘处混合像元的定位过程中,判断的比较准确。

下面给出了直接利用 Fuzzy ARTMAP 神经网络模型和基于融合影像的 Fuzzy ARTMAP 神经网络模型方法对上述模拟影像进行定位的定量分析结果。主要的精度评价指标采用如下 4 种方式。

(1)面积容错比。用来度量模拟图像与目标图像一致性的指标是面积误差率,在给出目标图像中目标类型总面积与模拟图像中目标类型总面积以外,同时计算目标类型的面积误差率 AEP。

$$\text{AEP} = \frac{\sum_{k=1}^{n}(o_k - p_k)}{\sum_{k=1}^{n} p_k} \tag{6-27}$$

式中:n 为图像像元总数;

o 为目标图像中的像元值;

p 为模拟图像中的像元值。

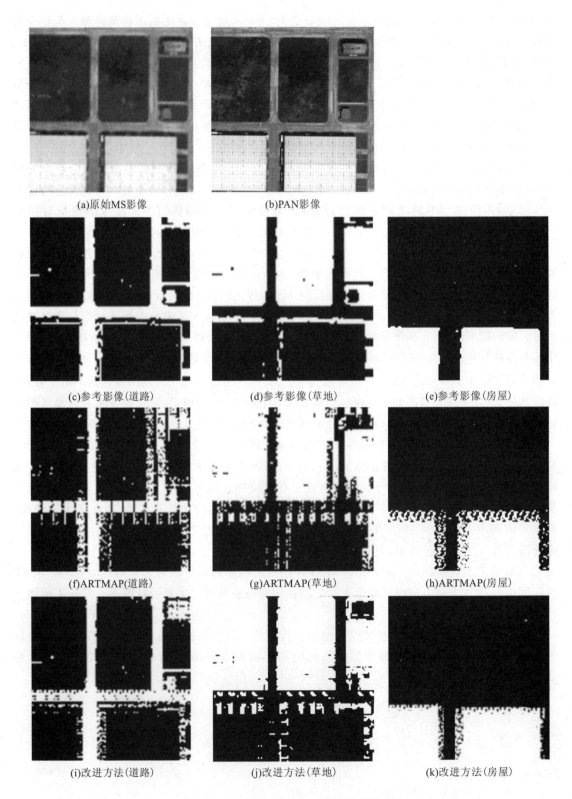

图 6-14 原始图像及每一类定位结果图

第六章 综合亚像元定位模型及应用

这一统计指标可以表明模拟结果的偏差,并能反映对目标类型总量控制的好坏。

(2)正确分类百分比(PCC)。用来衡量所属类别的总体定位精度。

(3)均方根误差。可以表明包括偏差和方差在内的模拟精度:

$$\text{RMSE} = \sqrt{\frac{\sum_{k=1}^{n}(o_k - p_k)^2}{n}} \tag{6-28}$$

(4)相关系数。相关系数 r 是用来度量目标图像与模拟图像之间关联程度的一种指标:

$$r_{po} = \frac{\text{Cov}(p,o)}{\sigma_p \sigma_o} \tag{6-29}$$

其中,$-1 < r_{po} \leqslant 1$,$\text{Cov}(p,o)$ 是目标值 o 与估计值 p 之间的协方差;σ_p,σ_o 分别为 o 与 p 的标准差。

$$\text{Cov}(p,o) = \frac{1}{n}\sum_{k=1}^{n}(p_k - \mu_p)(o_k - \mu_o) \tag{6-30}$$

μ_p 与 μ_o 分别为 p 与 o 的均值,若相关系数为1,则表示模拟图像与目标图像完全匹配,若为-1,则表示完全负相关。这一统计指标可以表明亚像元空间分布的方差。

从表6-8和表6-9中的面积误差率、正确分类百分比(PCC)、均方根误差(RMSE)和相关系数可以看出:利用融合影像后的神经网络定位结果,对原始像元信息的估计比较准确,3种地物类别的容错率以及均方误差值均不同程度地减少,整体精度证明了本书改进方法是有效的。当影像分辨率增加时(2.5m 增加到 0.7m),涉及到的类别细节特征增多,同时在尺度因子增大(由2增加到4)的情况下,所获取的误差增大。因此,选择合适的尺度因子和一定分辨率的影像是关键。

表6-8 传统 ARTMAP 神经网络统计结果

目标图像		模拟结果(尺度因子=4)			
	目标面积	估计面积	面积误差率	PCC	RMSE	相关系数
道路	7787	7812	−0.003 210	0.977 398	0.368 910	0.670 965
草地	26 825	26 850	0.000 000	0.956 751	0.488 002	0.623 977
房屋	8652	8713	−0.007 050	0.974 562	0.518 645	0.548 320
全图	43 264	43 375	−0.002 566	0.969 765	0.478 450	0.616 943

表6-9 结合融合影像后的 ARTMAP 神经网络统计结果

目标图像		模拟结果(尺度因子=4)			
	目标面积	估计面积	面积误差率	PCC	RMSE	相关系数
道路	7787	7795	−0.001 027	0.980 032	0.357 219	0.721 304
草地	26 825	26 841	0.000 000	0.967 129	0.420 579	0.691 228
房屋	8652	8690	−0.004 392	0.996 439	0.328 127	0.723 845
全图	43 264	43 326	−0.001 433	0.988 197	0.391 179	0.702 361

6.4 基于亚像元定位的变化检测应用

多年来研究人员提出和开发了多种遥感影像变化检测技术和模型,并应用于各种不同的科学问题中(张路,2004)。其中,分类后比较法是最常见的一类方法,它的基本出发点是先对不同时相的原始影像分别进行分类解译,然后比较各时相分类结果图来发现变化,同时确定变化类型。分类后比较法的核心是影像分类,所采用的分类手段都是基于硬分类的模式,即将影像中的单个像元处于"非此即彼"的状态中。尽管方法简单易行,但是由于"混合像元"的存在导致我们无法检测出地物覆盖类型内部的一些细微变化。鉴于此,许多研究者开始尝试深入到像元内部,结合混合像元分解技术去完成变化检测的过程。例如,Kressler 和 Steinnocher(1999)首次提出了结合混合像元分解技术进行低分辨率卫星影像的变化检测,并将变化检测的结果由定性比较转变为定量比较,该项试验主要用来大致地估计森林、草地及土壤面积的变化情况。此后,多名研究者通过类似的方式进行变化检测的研究工作。比如,Haertel 等(2004)利用多时态的影像序列,获取地物组分丰度值在不同时期的变化列表,他们在获取变化的同时,还估算了未来不同种类地物类别变化的趋势。Foody(2007)和 Wu 等(2017)通过端元的光谱可变性特点,推算出端元在不同时期的混合分解中所起到的作用以及对变化检测结果的影响。Ling(2007)和 Wu 等(2015)采用混合像元分解以及亚像元交换的方式,在历史高分辨率遥感影像空间分布的基础上,对低分辨率遥感影像进行假设统计估计,得出未来亚像元的变化规律。除此之外,近年来国内研究者也采用该技术与实际应用紧密结合,取得了较好的效果,例如,农作物产量变化(Tole,2008)等。由此可见,混合像元分解能够缓解在变化检测过程中因像元归属而产生的错分、误分问题,这在一定程度上提高了结果的解译精度。但值得注意的是,该技术只是找出组成混合像元的各种"组分"比例,却无法突破到像元内部来刻画亚像元的空间属性,尤其是亚像元的边缘特征以及几何形状仍然无法获取,这无疑削弱了遥感数据的空间表达优势。

利用亚像元空间定位技术来代替传统硬分类和混合像元分解,不仅能够克服影像空间分辨率的限制,提高分类精度,而且有助于揭示地物目标的形状、尺寸等空间特征信息,为中、低分辨率的遥感影像上检测和识别亚像元级的目标提供有力的保证。但是利用亚像元定位技术来完成变化检测存在以下问题:不同时相的亚像元定位结果进行比较后生成的变化图,其精度大致相当于不同时相影像亚像元定位结果图之间精度值的乘积,也就是说,存在于每一时相单独进行亚像元分类结果中的误差会在比较过程中被进一步放大,从而极大地影响到变化检测的精度。导致这种现象出现的根本原因在于:对不同时相影像所进行的亚像元分类过程是相互独立的,没有考虑这些影像之间存在的相互依赖关系。如何充分考虑不同时相影像之间的依赖关系,补充信息融入传统亚像元定位模型中进行综合集成,是摆在面前的实际问题(Robinson 等,2000;Wu 等,2017)。

鉴于以上背景,本节在顾及前期影像的亚像元分布的情况下,对变化的情况进行模拟,通过实验证明,本书的算法能够获得最佳的检测效果,有效提高亚像元变化检测的精度。

6.4.1 亚像元变化的空间分布假设

首先,在选取的实验数据中,必须确保两期影像的端元没有发生变化,因此可以直接从高分数据中去挑选端元,比如,采用人工判读的方式提取影像的目标端元类别。然后,在低分辨率影像中,我们依据线性光谱混合理论,计算目标端元的组分百分比,同时,在高分辨率影像中,通过分类图直接获取所对应的组分百分比。

这里可以利用一个简单的示意图来描述不同分辨率情况下亚像元级变化的假设(图6-15)。两个不同时期的影像中,前期的影像为高分辨率影像的一个像元被分割成100个亚像元,包含3种地物类型:A、B、C。如图6-15(a)所示,A用浅灰色表示,占40个小格子,代表占原始像元40%的比例;B用深灰色表示,占20个小格子,代表占原始像元20%的比例;C用黑色表示,占40个小格子,代表占原始像元40%的比例。这是前期的亚像元位置分布情况。图6-15(b)表示对应的后期低分辨率影像的一个像元,我们可以获得这一个像元里3个类别的百分比,比如,A:55%,B:15%,C:30%。那么与前期比较后可以得出这3个类别的变化情况分别为:A增加15%,B减少5%,C减少10%。这意味着A增加的部分都是从B和C类别转化过来的。图6-15(c)和(d)分别表示两种不同的变化分布情况。按照之前亚像元定位的假设,也就是空间自相关性,我们可以得到图6-15(c)的变化结果的分布。如果在自相关性假设的基础上再结合前期影像的分布情况,我们可以获得图6-15(d)的变化结果。显然,与前者相比较,最后一幅图的结果更加合理。这说明在不同分辨率的两期影像变化检测中,仅仅只考虑亚像元的相关性是不够的,需要结合前期的高分数据的分布来作为辅助,才能获取合理的亚像元变化结果。

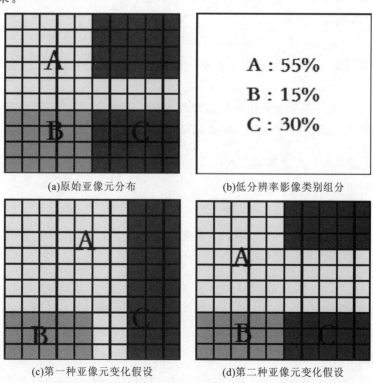

图6-15 不同分辨率下的亚像元变化检测假设示意图

基于以上假设,我们定义如下规则。定义任意某一种类别的亚像元个数为 N。前后两期影像的时间分别为 t_1 和 t_2,那么有如下 3 种变化方式:①如果 $Nt_1 = Nt_2$,那么在 t_2 时间该类别的所有亚像元都与 t_1 时间的对应起来,保持不变;②如果 $Nt_1 < Nt_2$,那么该类别在 t_1 时间的分布保持不变,增加的亚像元由其他类别的分布转换而来;③如果 $Nt_1 > Nt_2$,证明在 t_1 时间该类别的部分亚像元转化为其他类别,中间不会有其他类别的发生转化。也就是说,在 t_2 时间段的所有归属该类别的分布都是在 t_1 时间段的亚像元分布范围内。

6.4.2 算法描述

在获取不同端元组分的基础上,我们对于变化前后的组分影像进行差值运算。构造出不同的端元对应的组分差异影像。最后,采用元胞自动机来模拟变化的亚像元的位置分布。在元胞自动机(CA)模型中,亚像元可以认为是基本的元胞单元,混合像元可以看作是一个元胞空间(Viher 等,1998),基于 CA 的亚像元定位可以分为以下 3 个步骤。

1. 初始化方式的选择

在原始的方法中,采用的是一种随机初始化的方式,只要满足丰度图像所决定的面积约束条件即可。本研究引入像元吸引度进行上述的初始化过程。Mertens 等首先引入了像元吸引度概念(Thornton 等,2007),像元吸引度可直接根据原始低分辨率(元胞空间)的邻居像元(邻居元胞空间)内类别的丰度来计算,并按一定的规则赋予某个亚像元地物类型。这样初始化不用经过迭代运算,就可以直接确定一个元胞空间内各个类别的元胞的大致分布。假设混合像元 P 表示元胞空间,亚像元 $P_{i,j}$ 表示位置在 (i,j) 的元胞,邻域的像元为 P_k,那么亚像元 $P_{i,j}$ 与邻域像元 P_k 的距离可以定义为:

$$D(p_{i,j}, p_k) = \sqrt{(x_k - x_{i,j})^2 + (y_k - y_{i,j})^2} \tag{6-31}$$

由于不同的邻域像元 P_k 对该亚像元有不一样的影响,因此,可以定义权值 λ_k:

$$\lambda_k = \exp[-D(p_{i,j}, p_k)/a] \tag{6-32}$$

其中,a 是这个单调递减的指数函数的非线性参数。它的选择对权值有很大的作用,可以依据该函数来计算最后的吸引力函数。在此定义亚像元 $P_{i,j}$ 的吸引力函数为:

$$A_m, p_{i,j} = \sum_{k=1}^{N} \lambda_k f_m(p_k) \tag{6-33}$$

式中:m 为第 m 个端元类别;

$f_m(p_k)$ 为第 k 个像元属于第 m 个端元类别的丰度比例。

由于不同的尺度空间 S 下需要对吸引力指数进行标准化,因此上式可以被重新定义为:

$$A_{m, p_{i,j}} = \frac{A_{m, p_{i,j}}}{\sum_{1}^{S} \sum_{1}^{S} A_{m, p_{i,j}}} \tag{6-34}$$

元胞的个数等于混合像元中的亚像元个数。每一个元胞都可以按照以上的吸引力指数来计算,从而从高到低进行排列吸引力的值。

2. 元胞进化

下一步可以采用像元交换的方式进行进化。按照摩尔定律,每一个元胞都会被周围的 8 个邻域所影响。因此,需要再计算出每一个 8 邻域空间的吸引力指数。一旦所分析的位置的

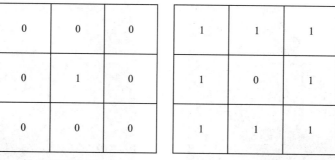

(a)代表最小的吸引力　　　(b)代表最大的吸引力

图 6-16　两种不同的分布位置

8 邻域指数值小于其他的位置,就会发生像元交换,直到遍历整幅影像为止。图 6-16 为两种差别最大的吸引力分布。

3. 终止条件的确定

当前面两步完成以后,此时的进化层次可以定义为 L:

$$L = \frac{N_{\text{same}}}{S^2 \times N \times 8} \tag{6-35}$$

式中:N 为像元总个数;

N_{same} 为在元胞空间内与新状态相同的邻居元胞个数之和。

Neibor 为满足某种邻域规则的邻居个数,本书采用 Moore 型邻居,设为 8。它的定义是基于这样的考虑:L 也是根据地物空间相关性定义的,分母表示一种空间相关性极大的特殊情况(可以理解为均值地物),分子表示元胞自动机在目前的进化结果下,每一个元胞空间内所有亚像元的邻居与其自身类型一致的个数的累和,因此 L 表示结果达到空间相关性最大的程度,由于输入图像中不可能只含有一种地物(这样就没有亚像元定位的必要),理论上 L 的值域在 0~1 之间。

整个过程的流程图如图 6-17 所示。

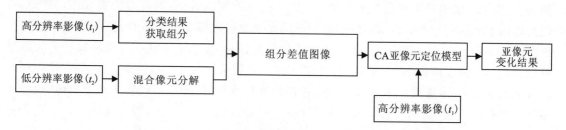

图 6-17　基于不同分辨率影像的亚像元变化检测实验流程图

6.4.3　实验分析

实验一

本次实验采用模拟数据来对所提出的算法进行测试。采用模拟数据的优势在于避免了两期影像之间由于配准所产生的误差。因此,该模型所获得的亚像元变化检测结果也只会反映模型本身的优劣。测试数据选择武汉地区两期不同时间的 TM 影像(图 6-18),共 6 个波段,

(a)1986年TM影像　　　　　　　　(b)2000年TM影像

图 6-18　模拟数据实验

30m 的分辨率,获取时间分别是 1986 年 7 月和 2000 年 9 月。

利用中值滤波器将第二期的数据[图 6-18(b)]进行降采样,采样的尺度为 10,就获得了不同分辨率的二期影像。在这个过程中,不会有任何外界的误差干扰。通过人工判读了解两幅影像的大致类别的分布。利用最大似然分类法将两幅影像分为水体、植被、城区 3 个主要类别。两个分类图像的差值即是参考的变化结果。前期 3 个类别的组分比例值利用分类结果直接获取,后期的组分比例值采用线性混合像元分解技术得到,从而得到组分差值图像。将该差值结果输入到 CA 模型中得到最终的亚像元变化结果。为了方便,我们列出直接亚像元定位的结果与该方法进行比较。该方法是利用后期低分辨率影像的组分图像直接进行亚像元定位,然后与前期高分辨率影像的分类图进行差值计算,从而获取最终的变化结果。

图 6-19 列出了对于每一个类别的参考变化图像,以及利用两种方法所得出的结果对比。对于每一个类别黑色表示未变化的像元,红色表示原始类别变化为其他的类别,绿色表示相反的含义,即由其他的类别变化为该类别。从图 6-19 上可以看到,两种方法都有一定的效果。但是采用了前期高分辨率影像信息的 CA 亚像元变化检测模型可以提供更精确的变化位置。在图 6-19(d)~(f)中,传统方法丢失了太多的变化信息,而本书方法很好地将这种丢失信息补偿回来。在精度评价中,也证明了图中的表现。我们采用两种精度评价方式:每一个类别的 PCC 指标和 Kappa 系数。本书方法对植被的检测精度最高,相比传统方法对于水体、植被和城区分别提高了 5.83%、7.55% 和 6.65%(表 6-10)。

表 6-10　不同方法之间的精度评价

	水　体		植　被		城　区	
	总体精度	Kappa 系数	总体精度	Kappa 系数	总体精度	Kappa 系数
传统直接定位方法	85.34%	0.82	81.24%	0.77	77.54%	0.64
本书方法	91.17%	0.89	88.79%	0.87	84.19%	0.79

第六章 综合亚像元定位模型及应用

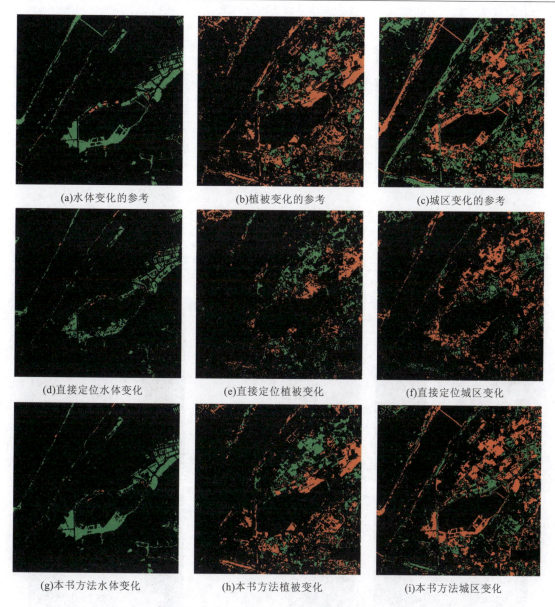

图 6-19 变化检测参考图像和利用两种不同的方法所得到的结果

实验二

真实数据选择 Landsat-7 ETM+（30m 分辨率）和对应同一地区的 MODIS 卫星（500m 分辨率），获取时间分别为 2001 年 10 月和 2009 年 8 月。成像地区是深圳市。由于两幅影像分辨率不同，因此将它们重采样进行几何配准后，获得的比例尺度为 17。图 6-20(a)是 408×408 的 ETM+影像，图 6-20(b)是 24×24 的 MODIS 影像，图 6-20(c)是 Landsat-7 ETM+在 2009 年所获取的 30m 分辨率影像。

图 6-21(a)～(c)表示从 2001 年分类图像中直接获取的城区、水体和植被丰度值，图 6-21(d)～(f)表示从 2009 年影像中通过混合像元分解所得到的 3 个类别的丰度值。每个类别

(a) 2001年Landsat TM影像　　(b) 2009年MODIS影像　　(c) 2009年Landsat TM影像

图 6-20　原始数据

对比后可以发现,混合分解模型提取的结果比较精确,同时,两期影像的对应每个类别都发生了一些变化。

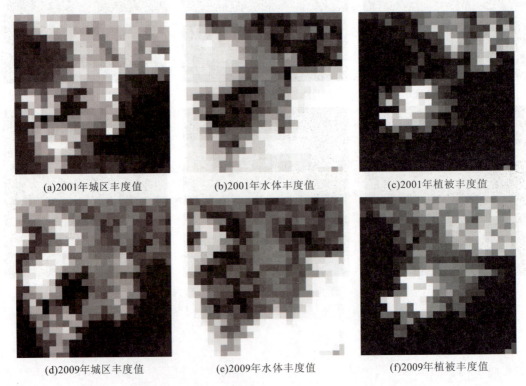

图 6-21　不同时期的组分丰度影像

与模拟数据类似,参考图像以及两种亚像元变化检测图像结果如图 6-22 所示。图 6-22(a)~(c)是真实的 3 种类别变化。两种亚像元变化检测图像结果分别显示在图 6-22(d)~(f)和图 6-22(g)~(i)中。在大多数的区域,传统方法获取的变化并不可信,而且存在很多漏掉的特征。同时,在边缘区域有一些模糊的现象,尤其是在图 6-22(d)(e)中,本书方法很好地缓解了这种现象。为了更好地评估方法的适用性,我们列出了混淆矩阵(表 6-11 和表 6-

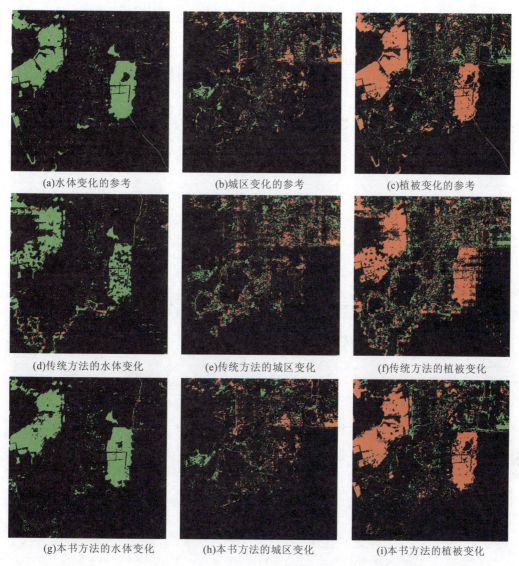

图 6-22 参考的亚像元变化检测图像以及两种方法所获得的变化检测结果图

12)。比如:水体(Water)如果未发生变化,则将其定义为"WW"(Water 变化为 Water),如果变化为其他类别,则将其定义为"WO"(Water 变化为 Other)。同理,对于植被(Vegetation)、城区(Urban)均可以按照上面的方式来定义,由此列出混淆矩阵表(表 6-11、表 6-12)。3 个类别变化的总体精度由传统的 88.61%、78.36% 和 78.78% 增加到 93.07%、81.12% 和 83.23%。而 Kappa 系数则从 0.64、0.51 和 0.49 增加到 0.80、0.69 和 0.71。这充分显示了本书方法的优势。

表 6-11 传统方法对于亚像元变化检测结果

		WW	OO	WO	OW
水体	WW	60 004	0	5776	0
	OO	0	70 953	0	92
	WO	4801	0	16 508	0
	OW	0	7929	0	401

总精度：88.61%　　　　　　　　　　Kappa 系数：0.64

		VV	OO	VO	OV
植被	VV	28 828	0	2376	0
	OO	0	76 791	0	6406
	VO	6159	0	5667	0
	OV	0	21 347	0	19 170

总精度：78.36%　　　　　　　　　　Kappa 系数：0.51

		UU	OO	UO	OU
城区	UU	7377	0	2273	0
	OO	0	114 748	0	3766
	UO	5350	0	3209	0
	OU	0	17 725	0	5809

总精度：78.78%　　　　　　　　　　Kappa 系数：0.49

表 6-12 本书方法对于亚像元变化检测结果

		WW	OO	WO	OW
水体	WW	62 041	0	4598	0
	OO	0	74 779	0	71
	WO	2764	0	17 670	0
	OW	0	4103	0	452

总精度：93.07%　　　　　　　　　　Kappa 系数：0.80

		VV	OO	VO	OV
植被	VV	31 340	0	1922	0
	OO	0	82 339	0	43 167
	VO	3397	0	6121	0
	OV	0	15 799	0	21 260

总精度：81.12%　　　　　　　　　　Kappa 系数：0.69

		UU	OO	UO	OU
城区	UU	8817	0	1866	0
	OO	0	120 530	0	2420
	UO	3912	0	3616	0
	OU	0	11 880	0	7135

总精度：83.23%　　　　　　　　　　Kappa 系数：0.71

参考文献

蔡国平,赵玉成,王超. BP 神经网络理论在模型修正中的应用[J]. 机械强度,1998,20(4):280 -283.

李小文,曹春香,常超一. 地理学第一定律与时空邻近度的提出[J]. 自然杂志,2007,29(2):69-71.

李孝安. 神经网络与神经计算机导论[M]. 西安:西安工业大学出版社,1995.

凌峰,张秋文,王乘,等. 基于元胞自动机模型的遥感图像亚像元定位[J]. 中国图像图形学报,2005,10(7):916-921.

凌峰,吴胜军,肖飞,等. 遥感影像亚像元定位研究综述[J]. 中国图像图形学报,2011,16(8):1335-1345.

刘弘,曾广周,林宗楷. 软件 Agent 的构筑[J]. 计算机科学,1998,25(2):24-28.

刘增良,刘有才. 模糊逻辑与神经网络——理论研究与探索[M]. 北京:北京航空航天大学出版社,1996.

沈焕锋. 场景变化条件下的影像超分辨率重建技术研究[D]. 武汉:武汉大学,2007.

孙德保,高保. BP 网络的抗干扰性研究及误差分析[J]. 华中理工大学学报,1994,22(8):32-34.

童庆禧,郑兰芬. 高光谱遥感发展现状[C]. 遥感知识创新文集. 北京:中国科学出版社,1999.

王耀南. 小波神经网络的遥感图像分类[J]. 中国图像图形学报,1999(5):368-375.

王建华. 人工神经网络在遥感中的应用与发展[J]. 国土资源遥感,1999(2):21-27.

吴波. 混合像元自动分解及其扩展模型研究[D]. 武汉:武汉大学,2006.

吴波,张良培,李平湘. 非监督正交子空间投影的高光谱混合像元自动分解[J]. 中国图像图形学报,2004,9(11):1932-1936.

吴柯,张良培,李平湘. 一种端元变化的神经网络混合像元分解方法[J]. 遥感学报,2007,11(1):20-26.

吴柯. 基于神经网络的混合像元分解与亚像元定位研究[D]. 武汉:武汉大学,2008.

吴柯,牛瑞卿,李平湘,等. 基于模糊 ARTMAP 神经网络模型的遥感影像亚像元定位[J]. 武汉大学学报(信息科学版),2009,34(3):297-300.

吴柯,李平湘,张良培. 一种基于进化 Agent 的遥感影像亚像元定位方法[J]. 遥感学报,2009,13(1):60-66.

吴柯,李平湘,张良培. 基于正则 MAP 模型的遥感影像亚像元定位[J]. 武汉大学学报(信息科学

参考文献

版),2007,32(7):593-597.

吴柯,牛瑞卿,沈焕峰,等. 结合超分辨率重建的神经网络亚像元定位方法[J]. 中国图像图形学报,2010,15(11):1681-1687.

姚郑,高文. 面向 Agent 程序设计[J]. 软件学报,1997,8(11):823-830.

赵英时. 遥感应用分析原理与方法[M]. 北京:科学出版社,2003.

赵振宇,徐用懋. 模糊理论和神经网络的基础与应用[M]. 北京:清华大学出版社,广西:广西科学技术出版社,1996.

张新明,沈兰荪. 超分辨率复原技术的发展[J]. 测绘技术,2002,21(5):33-35.

张良培,张立福. 高光谱遥感[M]. 武汉:武汉大学出版社,2005.

张兵,陈正超,郑兰芬,等. 基于高光谱图像特征提取与凸面几何体投影变换的目标探测[J]. 红外与毫米波学报,2004,23(6):441-445.

张洪恩,施建成,刘素红. 湖泊亚像元填图算法研究[J]. 水科学进展,2006,17(3):376-382.

张路. 基于多元统计的遥感影像变化检测方法研究[D]. 武汉:武汉大学,2004.

张彦,邵美珍. 基于径向基函数神经网络的混合像元分解[J]. 遥感学报,2002,4(4):285-289.

钟燕飞,张良培,龚健雅,等. 基于克隆选择的多光谱遥感影像分类算法[J]. 中国图像图形学报,2005,10(1):18-24.

周成虎,骆剑承,杨晓梅,等. 遥感影像地学理解与分析[M]. 北京:科学出版社,1999.

朱述龙,张占. 遥感图像获取与分析[M]. 北京:科学出版社,2000.

Aplin P, Atkinson P M, Curran P J. Fine spatial resolution satelite sensor imagery for land cover mapping in the United Kingdom[J]. Remote Sensing of Environment,1999,68(3):206-216.

Atkinson P M, Cutler M, Lewis H G. Mapping sub-pixel proportional land cover with AVHRR imagery[J]. International Journal of Remote Sensing,1997,18(4):917-935.

Atkinson P M. Issues of uncertainty in super-resolution mapping and their implications for the design of an inter-comparison study[J]. International Journal of Remote Sensing,2009,30(20):5293-5308.

Atkinson P M. Mapping sub-pixel boundaries from remotely sensed images[J]. Innovation in GIS,1997(4):166-180.

Atkinson P M. Sub-pixel target mapping from soft-classified remotely sensed imagery[J]. Photogrammetric Engineering and Remote Sensing,2005,71(7):839-846.

Atkinson P M. Super-resolution target mapping from soft classified remotely sensed imagery[J]. University of Queensland,2001,71(7):839-846.

Bastin L. Comparsion of Fuzzy C-means classification, linear mixture modeling and MLC probabilities as tools for unmixing cosase pixels[J]. International Journal of Remote Sensing,1997,17:3629-3648.

Bateson C A, Curtiss B. A tool for manual endmember selection and spectral unmixing, in Summaries of the VI JPL Airborne Earth Science Workshop[C]. Pasadena,CA,1993.

Bell J F,Farrand W H,Johnson J R,et al. Low abundance materials at the mars pathfinder landing site:An investigation using spectral mixture analysis and related techniques lcarus[R]. 2002, 158:56-71.

Bioucas-Dias J M. A variable splitting augmented Lagrangian approach to linear spectral unmixing [C]. Hyperspectral Image and Signal Processing: Evolution in Remote Sensing, 2009. WHISPERS'09. First Workshop on. IEEE,2009:1-4.

Bosdogianni P, Petrous M, Kitter J. Mixture pixel classification with robust statistics[J]. IEEE Transactions on Geosciences and Remote Sensing,1997,35:551-559.

Boucher A, Kyriakidis P C, Cronkite-Ratcliff C. Geostatistical solutions for super-resolution land cover mapping[J]. IEEE Transactions on Geoscience and Remote Sensing,2008,46(1):272-283.

Boucher A, Kyriakidis P C. Super-resolution land cover mapping with indicator geostatistics[J]. Remote Sensing of Environment,2006,104(3):264-282.

Boucher A. Sub-pixel mapping of coarse satellite remote sensing images with stochastic simulations from training images[J]. Mathematical Geosciences,2009,41:265-290.

Bowles J,Palmadesso P,Antoniades J,et al. Uses of filter vectors in hyperspectral data analysis[J]. Proc. SPIE,1995,2553:148-157.

Braswell B H,Hagen S C,Frolking S E,et al. A multivariable approach for mapping sub-pixel land cover distributions using MISR and MODIS:Application in the Brazilian Amazon region[J]. Remote Sensing of Environment,2003,87(2):243-256.

Carpenter G A,Gjaja M N,Gopal S,et al. ART neural networks for remote sensing:vegetation classification from Landsat TM and terrain data[C]// Geoscience and Remote Sensing Symposium, 1996. IGARSS'96. Remote Sensing for a Sustainable Future,International IEEE,1997,1:529-531.

Carpenter G A,Grossberg S,Reynolds J H. ARTMAP:Supervised real-time learning and classification of nonstationary data by a self-organizing neural network[J]. Neural Networks,1991,4(5):565-588.

Carpenter G,Gopal S,Macomber M S,et al. A neural network for mixture estimation for vegetation mapping[J]. Remote sensing of Environment,1999,70:138-152.

Chan R H,Chan T F,Shen L,et al. Wavelet algorithms for high-resolution image reconstruction[J]. Siam Journal on Scientific Computing,2002,24(4):1408-1432.

Chang C I,Du Q. Estimation of number of spectrally distinct signal sources in hyperspectral imagery [J]. IEEE Trans Geosciences and remote sensing. 2004,42(3):608-619.

Chang C I,Wu C C,Liu W M,et al. A new growing method for simplex-based endmember extraction algorithm[J]. IEEE Transactions on Geoscience & Remote Sensing, 2006, 44 (10): 2804 – 2819.

Chavez P S, Sides S C Jr, Anderson J A. Comparison of three different methods to merge multiresolution and multispectral data: Landsat TM and SPOT panchromatic[J]. Photogrammetric Engineering & Remote Sensing, 1991, 57(3): 265 – 303.

Chi M M, Bruzzone L. Semisupervised classification of hyperspectral images by SVMs optimized in the primal[J]. IEEE Transactions on Geoscience and Remote Sensing, 2007, 45 (6): 1870 – 1880.

Collins M, De Jong M. Neuralizing target superresolution algorithms[J]. IEEE Geoscience and Remote Sensing Letters, 2004, 1(4): 318 – 321.

Dai X Y, Guo Z Y, Zhang L Q, et al. Subpixel mapping on remote sensing imagery using a prediction model combining wavelet transform and radial basis function neural network[J]. Journal of Applied Remote Sensing, 2009, 3(1): 033566.

Decatur S E. Application of neural network to terrain classification[C] // Proceeding of International Joint Conference on Neural Networks. Piscataway: NJ: IEEE, 1989, 1: 283 – 288.

Dennison P E, Roberts D A. Endmember selection for multiple endmember spectral mixture analysis using endmember average RMSE[J]. Remote Sensing of Environment, 2003, 87: 123 – 135.

Du Q, Chang C I. Linear mixture analysis-based compression for hyperspectral image analysis[J]. Geoscience & Remote Sensing IEEE Transactions on, 2004, 42(4): 875 – 891.

Feng R, Zhong Y, Xu X, et al. Adaptive sparse subpixel mapping with a total variation model for remote sensing imagery[J]. IEEE Transactions on Geoscience & Remote Sensing, 2016, 54 (5): 2855 – 2872.

Fitch F B, McCulloch W S, Pitts W. A logical calculus of the ideas immanent in nervous activity[J]. Journal of Symbolic Logic, 2014, 9(2): 49 – 50.

Foody G M, Doan H T X. Variability in soft classification prediction and its implications for sub-pixel scale change detection and super resolution mapping[J]. Photogrammetric Engineering & Remote Sensing, 2007, 73(8): 923 – 933.

Foody G M, Muslim A M, Atkinson P M. Super-resolution mapping of the shoreline through soft classification analyses[C] // Geoscience and Remote Sensing Symposium, 2003. IGARSS'03. Proceedings. 2003 IEEE International, 2003, 6: 3429 – 3431.

Foody G M. Approaches for the production and evaluation of Fuzzy land cover classifications from remotely sensed data[J]. International Journal of Remote Sensing, 1996, 17: 1317 – 1340.

Foody G M. Mapping land cover form remotely sensed data with a softened feedforward neural network[J]. Journal of Intelligent and Robotic System, 2000, 29: 433 – 449.

Foody G M. Sharpening Fuzzy classification output to refine the representation of sub-pixel land cover distribution[J]. International Journal of Remote Sensing,1998,19(13):2593 – 2599.

Gauvain J L,Lee C H. Maximum a posteriori estimation for multivariate Gaussian mixture observations of Markov Chains [J]. IEEE Trans. SAP,1994,2(2):291 – 298.

Gopal S,Fischer M M. Fuzzy ARTMAP-A neural classifier for multi-spectral image classification [A]. Recent Developments in Spatial Analysis [C]. Berlin:Spinger 2 Verlag,1997.

Green A A,Berman M,Switzer P. A transformation for ordering multispectral data in terms of image quality with implications for noise removal[J]. IEEE Transactions on Geosciences and Remote Sensing,1988,26(1):65 – 74.

Gross H N,Schott J R. Application of spectral mixture analysis and image fusion techniques for image sharpening[J]. Remote Sensing of Environment,1998,63:85 – 94.

Grossberg S,Mingolla E,Ross W D. Visual brain and visual perception:how does the cortex do perceptual grouping? [J]. Trends in Neurosciences,1997,20(3):106 – 111.

Guilfoyle K J,Althouse M L,Chang C I. Quantitative and comparative analysis of linear and nonlinear spectral mixture models using radial basis function neural networks[J]. IEEE Trans. Geoscience and Remote Sensing. 2001,39(8):2314 – 2318.

Haertel V. Shimabukuro Y E,Almeida R. Fraction images in multitemporal change detection[J]. International Journal of Remote Sensing,2004,25(23):5473 – 5489.

Hapke B. Bidirectional reflectance spectroscopy theory[J]. Geophysical Research,1981,86(B4):3039 – 3054.

Hecht-Nielsen R. Theory of the backpropagation neural network[C]// International Joint Conference on Neural Networks,IEEE,1989,1:593 – 605.

Huang G B,Ding X J,Zhou H M. Optimization method based extreme learning machine for classification[J]. Neurocomputing,2010,74(1/3):155 – 163.

Huang G B,Zhou H M,Ding X J,et al. Extreme learning machine for regression and multiclass classification[J]. IEEE Transactions on Systems,Man,and Cybernetics,Part B-Cybernetics,2012,42(2):513 – 529.

Huang G B,Zhu Q Y,Siew C K. Extreme learning machine:Theory and applications[J]. Neurocomputing,2006,70(1/3):489 – 501.

Jasinski M E,Eagleson P S. The structure of red-infrared scattergrams of semi-vegetated landscapes [J]. IEEE Trans. Geosciences and remote sensing,1989,27(4):441 – 451.

Ji C Y,Land-use classification of remotely sensed data using kohonen self-organizing feature map neural networks[J]. Photogrammetric engineering & remote sensing,2000,66:1451 – 1460.

Johnson P E,Smith M O,Taylor-George S,et al. A semiempirical method for analysis of the reflectance spectra of binary mineral mixtures[J]. J Geophys Res,1983,88:3557 – 3561.

Kanellopoulos I,Varfis A,Wilkinson G G,et al. Land cover discrimination in SPOT HRV imagery using an artificial neural network: a 20-class experiment[J]. International Journal of Remote Sensing,1992,13:917-924.

Kasetkasem T,Arora M K,Varshney P K. Super-resolution land cover mapping using a Markov random field based approach[J]. Remote Sensing of Environment,2005,96(3-4):302-314.

Keshava N,Mustard J F. Spectral unmixing[J]. IEEE Signal Processing Magazine,2002,19(1):44-57.

Kim S P,Bose N K,Valenzuela H M. Recursive reconstruction of high resolution image from noisy undersampled multiframes[J]. IEEE Transactions on Acoustics Speech & Signal Processing,2002,38(6):1013-1027.

Kim S P,Su W Y. Recursive high-resolution reconstruction of blurred multiframe images[J]. IEEE Transactions on Image Processing A Publication of the IEEE Signal Processing Society,1993,2(4):534-539.

Kressler F P,Steinnocher K T. Detecting land cover changes from NOAA-AVHRR databy using spectral mixture analysis [J]. International Journal of Applied Earth Observation and Geoinformation,1999,1(1):21-26

Kruse F A,Lefkoff A B,Dietz J B. Expert system-based mineral mapping in northern death valley, California/Nevada, using the airborne visible/Infrared imaging spectrometer [J]. Remote Sensing of the Environment,1993,44:309-336.

Laben C A,Brower B V. Process for enhancing the spatial resolution of multispectral imagery using pan-sharpening: US[R]. US 6011875 A[P]. 2000.

Lee C H,Gauvain J L. Speaker adaptation bases on MAP estimation of HMM Parameters [J]. Proc. IEEE ICASSP,1993,2:652-655.

Lee J,Weger R C,Sengupta S K,et al. A neural network approach to cloud classification[J]. IEEE Transactions on Geoscience and Remote Sensing,1990,28:846-855.

Lee S,Lathrop R G. Subpixel analysis of Landsat ETM/sup +/using self-organizing map (SOM) neural networks for urban land cover characterization[J]. IEEE Transactions on Geoscience & Remote Sensing,2006,44(6):1642-1654.

Li X,Strahler. Geometric-optial of a conifer forest canopy[J]. IEEE Trans Geosciences and Remote Sensing,1985,23(5):705-721.

Ling F,Du Y,Xiao F,et al. Subpixel land cover mapping by integrating spectral and spatial information of remotely sensed imagery[J]. IEEE Geoscience & Remote Sensing Letters,2012,9(3):408-412.

Ling F,Du Y,Xiao F,et al. Super-resolution land-cover mapping using multiple sub-pixel shifted remotely sensed images[J]. International Journal of Remote Sensing, 2010, 31 (19): 5023-5040.

Liu J G. Smoothing filter-based intensity modulation: a spectral preserve image fusion technique for improving spatial details[J]. International Journal of Remote Sensing, 2000, 21(18): 3461 – 3472.

Liu J, Tang Y Y, Cao Y C. An evolutionary autonomous agents approach to image feature extraction [J]. IEEE Transactions on Evolutionary Computing, 1997, 1(2): 141 – 158.

Liu J, Tang Y Y. Adaptive image segmentation with distributed behavior-based agents[J]. Pattern Analysis & Machine Intelligence IEEE Transactions on, 1999, 21(6): 544 – 551.

Liu W G, Wu E Y, Sucharita G. ART-MMAP: A neural network approach to subpixel classification [J]. IEEE Transactions on Geosciences and Remote Sensing, 2004, 42(9): 1976 – 1983.

Liu W, Gopal S, Woodcock C. ARTMAP multisensor/resolution framework for land covercharacterization[C]. The 4th international conference on information fusion. Montreal, Canada, 7-10 August, 2001, WeC2-11-WeC2-16.

Makido Y, Messina J, Shortridge A. Exploring the impacts of pseudo-random number generators on sub-pixel classification[J]. Giscience & Remote Sensing, 2008, 45(4): 471 – 489.

Makido Y, Shortridge A. Weighting function alternatives for a subpixel allocation model[J]. Photogrammetric Engineering and Remote Sensing, 2007, 73(11): 1233 – 1240.

Marsh S E, Switzer P. Resolving the percentage of component terrains within single resolution elements[J]. Photogrammetric Engineering and Remote Sensing, 1980, 46(8): 1079 – 1086.

Maselli F. Multiclass spectral decomposition of remotely sensed scenes by selective pixel unmixing [J]. IEEE Transactions on Geoscience & Remote Sensing, 1998, 36(5): 1809 – 1820.

Mertens K C, De Baets B, Verbeke L P C, et al. Direct sub-pixel mapping exploiting spatial dependence[C]. Geoscience and Remote Sensing Symposium, IGARSS'04. Proceedings. 2004 IEEE International Volume 5, 2004.

Mertens K C, Verbeke L P C, Ducheyne E I, et al. Using genetic algorithms in sub-pixel mapping[J]. International Journal of Remote Sensing, 2003a, 24: 4241 – 4247.

Mertens K C, Verbeke L P C, Westra T, et al. Sub-pixel mapping and sub-pixel sharpening using neural network predicted wavelet coefficients[J]. Remote Sensing of Environment, 2004, 91 (2): 225 – 236.

Mertens K C, Verbeke L P C, Wulf R D, et al. Sub-pixel mapping: a comparison of techniques[C] // 25th Symposium of the European Association of Remote Sensing Laboratories(EARSeL). Millpress Science, 2006: 539 – 546.

Mertens K, Verbeke L, Wulf R D. Sub-pixel mapping with neural networks: Real-world spatial configurations learned from artificial shapes[C] // 4th International Symposium on Remote Sensing and Urban Areas; WG VII/4 Workshop 'Remote Sensing of Urban Area', 2003: 117 – 121.

Michael W, Nicholas R J. Intelligent agent: theory and practice paper [J]. Knowledge Engineering Review,1995;10(2):115-152.

Munechika C K, Warnick J S, Salvaggio C, *et al*. Resolution enhancement of multispectral image data to improve classification accuracy[J]. Photogrammetric Engineering & Remote Sensing,1993, 59(1):67-72.

Mustard J F, Pieters C M. Abundance and distribution of ultramafic microbreccia in moses rock dike: Quantitative application of mapping spectroscopy[J]. J Geophys Res,1987,92:10 376-10 390.

Nascimento J M P, Dias J M B. Vertex component analysis: a fast algorithm to unmix hyperspectral data [J]. IEEE Transactions on Geoscience & Remote Sensing,2005,43(4):898-910.

Neville R A, Szeredi T, Lefebvre J. Automatic endmember extraction from hyperspectral data for mineral exploration[C] // Proc 21st Can Symp Remote Sensing, Ottawa, Canada, Issue June, 1999:21-24.

Nguyen M Q, Atkinson P M, Lewis H G. Superresolution mapping using a hopfield neural network with fused images[J]. IEEE Transactions on Geoscience & Remote Sensing,2006,44(3):736-749.

Nguyen M Q, Atkinson P M, Lewis H G. Superresolution mapping using a hopfield neural network with lidar data[J]. IEEE Geoscience and Remote Sensing Letters,2005,2(3):366-370.

Nguyen N, Milanfar P. A wavelet-based interpolation-restoration method for superresolution(wavelet superresolution)[J]. Circuits Systems & Signal Processing,2000,19(4):321-338.

Pedro D L A, Pablo D M C, Rosa D P U. Abundance extraction from AVIRIS image using a self-organizing neutral network[C] // Conference of AVIRIS Workshop,2003.

Plaza A, Martínez P, Pérez R. A Quantitative and comparative analysis of endmember extraction algorithms from hyperspectral data[J]. IEEE Trans Geosciences and remote sensing,2004,42(3):650-663.

Ranchin T, Aiazzi B, Alparone L, *et al*. Image fusion-the ARSIS concept and some successful implementation schemes[J]. Isprs Journal of Photogrammetry & Remote Sensing,2003,58(1):4-18.

Ren H, Du Q, Jensen J. Constrained weighted least squares approaches for target detection and classification in hyper spectral imagery[C] // IGARSS02. Geoscience and Remote Sensing Symposium,2002:3426-3428.

Roberts D A, Gardner M, Church R, *et al*. Mapping chaparral in the Santa Monica Mountains using multiple endmember spectral mixture models[J]. Remote Sensing of Environment 65,1998:267-279.

Robinson G D, Gross H N, Schott J R. Evaluation of two applications of spectral mixing models to image fusion[J]. Remote Sensing of Environment,2000,71(3):272-281.

Sangbum L, Richard G L. Subpixel analysis of landsat ETM+ using self-organizing map(SOM) neural networks for urban land cover characterization[J]. IEEE Transactions on Geosciences and Remote Sensing. 2006,44(6):1642-1654.

Schneider W. Land use mapping with subpixel accuracy from Landsat TM image data[C] // Proceedings of the 25th International Symposium on Remote Sensing and Global Environmental Changes, Graz, Austria: Environmental Research Institute of Michigan, 1993:155-161.

Shackelford A K, Davis C H. A hierarchical Fuzzy classification approach for high-resolution multispectral data over urban areas[J]. IEEE Transactions on Geoscience & Remote Sensing, 2003, 41(9):1920-1932.

Simpson J J, Mcintir J T. A recurrent neural network classifier for improved retrievals of areal extent of snow cover[J]. IEEE Transactions on Geoscience and Remote Sensing, 2001, 39: 2135-2147.

Small C. High spatial resolution spectral mixture analysis of urban reflectance[J]. Remote sensing of environment, 2003, 88:170-186.

Song C H. Cross-sensor calibration between ikonos and landsat ETM+ for spectral mixture analysis [J]. IEEE Geoscience and remote sensing letters, 2004, 1(4):272-276.

Tatem A J, Lewis H G, Atkinson P M, et al. Increasing the spatial resolution of agricultural land cover maps using a hopfield neural network [J]. International Journal of Geographical Information Science, 2003, 17(7):647-672.

Tatem A J, Lewis H G, Atkinson P M, et al. Multiple-class land-cover mapping at the sub-pixel scale using a hopfield neural network[J]. International Journal of Applied Earth Observation and Geoinformation, 2001, 3(2):184-190.

Tatem A J, Lewis H G, Atkinson P M, et al. Super-resolution land cover pattern prediction using a hopfield neural network[J]. Remote Sensing of Environment, 2002, 79(1):1-14.

Tatem A J, Lewis H G, Atkinson P M, et al. Super-resolution target identification from remotely sensed images using a Hopfield neural network[J]. IEEE Transactions on Geoscience and Remote Sensing, 2001, 39(4):781-796.

Thornton M W, Atkinson P M, Holland D A. A linearised pixel-swapping method for mapping rural linear land cover features from fine spatial resolution remotely sensed imagery[J]. Computers & Geosciences, 2007, 33(10):1261-1272.

Thornton M W, Atkinson P M, Holland D A. Sub-pixel mapping of rural land cover objects from fine spatial resolution satellite sensor imagery using super-resolution pixel-swapping [J]. International Journal of Remote Sensing, 2006, 27(3):473-491.

Tole L. Changes in the built vs. non-built environment in a rapidly urbanizing region: A case study of the Greater Toronto Area[J]. Computers Environment & Urban Systems, 2008, 32(5):355

—364.

Tompkins S, Mustard J F, Pieters C M, et al. Optimization of endmembers for spectral mixture analysis[J]. Remote sensing of environment,1997,59(3):472-489.

Tu T M, Huang P S, Chen P Y. Blind separation of spectral signatures in Hyperspectral Imagery[J]. IEEE Proc Vis Image Signal Process,2001,148(4):217-225.

Verhoeye J, Wulf R D. Land cover mapping at sub-pixel scales using linear optimization techniques [J]. Remote Sensing of Environment,2002,79(1):96-104.

Viher B, Dobnikar A, Zazula D. Cellular automata and follicle recognition problem and possibilities of using cellular automata for image recognition purposes[J]. International Journal of Medical Informatics,1998,49(2):231-241.

Wald L, Ranchin T, Mangolini M. Fusion of satellite images of different spatial resolutions: Assessing the quality of resulting images[J]. Photogrammetric Engineering & Remote Sensing,1997,63 (6):691-699.

Welch R M, Sengupta S K, Goroch A K, et al. Polar cloud and surface classification using AVHRR imagery: an intercomparison of method[J]. Journal of Applied Meteorology,1992,31:405-420.

Winter M E. N-FINDR: an algorithm for fast autonomous spectral end-member determination in hyperspectral data [J]. Proceedings of SPIE-The International Society for Optical Engineering, 1999,3753:266-275.

Woodcock C E, Strahler A H. The factor of scale in remote sensing[J]. Remote Sensing of Environment,1987,21:311-322.

Wu K, Du Q, Wang Y, et al. Supervised sub-pixel mapping for change detection from remotely sensed images with different resolutions[J]. Remote Sensing,2017:284.

Wu K, Du Q. Subpixel change detection of multitemporal remote sensed images using variability of endmembers[J]. IEEE Geoscience & Remote Sensing Letters,2017,14(6):796-800.

Wu K, Niu R Q, Zhang L P, et al. Super-resolution land-cover mapping based on the selective endmember spectral mixture model in hyperspectral imagery[J]. Optical Engineering,2011,50 (12):6201.

Wu K, Wei L, Wang X, et al. Adaptive pixel unmixing based on a Fuzzy ARTMAP neural network with selective endmembers[J]. Soft Computing,2016,20(12):4723-4732.

Wu K, Yi W, Niu R, et al. Subpixel land cover change mapping with multitemporal remote-sensed images at different resolution[J]. Journal of Applied Remote Sensing,2015,9(1):097299.

Xu X, Zhong Y, Zhang L. Adaptive subpixel mapping based on a multiagent system for remote-sensing imagery[J]. IEEE Transactions on Geoscience & Remote Sensing,2013,52(2):787-804.

Yang Z, Zhou G, Xie S, et al. Blind spectral unmixing based on sparse nonnegative matrix factorization[J]. IEEE Transactions on Image Processing A Publication of the IEEE Signal Processing Society, 2011, 20(4):1112.

Yong G, Sanping L, Deyu L. New algorithm for sub-pixel boundary mapping[J]. International Archives of Photogrammetry, Remote Sensing, and Spatial Information Sciences 2006, 36(2): 12 – 14.

Zhang L P, Li D R. Study of the spectral mixture model of soil and vegetation in Poyang Lake area, China[J]. Int J Remote Sensing, 1998, 9(11):2077 – 2084.

Zhang L, Wu K, Zhong Y, et al. A new sub-pixel mapping algorithm based on a BP neural network with an observation model[J]. Neurocomputing, 2008, 71(10-12):2046 – 2054.

Zhong Y, Wu Y, Xu X, et al. An adaptive subpixel mapping method based on MAP model and class determination strategy for hyperspectral remote sensing imagery[J]. IEEE Transactions on Geoscience & Remote Sensing, 2014, 53(3):1411 – 1426.